柳迦柔 ○ 著

旗袍藏美

沈阳出版发行集团

沈阳出版社

图书在版编目（CIP）数据

旗袍·藏美 / 柳迦柔著 . -- 沈阳：沈阳出版社，
2021.12

ISBN 978-7-5716-2213-8

Ⅰ . ①旗… Ⅱ . ①柳… Ⅲ . ①旗袍 – 文化 – 中国
Ⅳ . ① TS941.717.8

中国版本图书馆 CIP 数据核字（2021）第 265175 号

出版发行：沈阳出版发行集团|沈阳出版社
　　　　　（地址：沈阳市沈河区南翰林路 10 号 邮编：110011）
网　　址：http://www.sycbs.com
印　　刷：辽宁泰阳广告彩色印刷有限公司
幅面尺寸：145mm×210mm
印　　张：6.625
字　　数：138 千字
出版时间：2022 年 8 月第 1 版
印刷时间：2022 年 8 月第 1 次印刷
责任编辑：沈晓辉　郑　丽
装帧设计：杨　雪
责任校对：张　晶
责任监印：杨　旭

书　　号：ISBN 978-7-5716-2213-8
定　　价：68.00 元

联系电话：024-24112447　024-62564922
E－mail：sy24112447@163.com

本书若有印装质量问题，影响阅读，请与出版社联系调换。

藏不住的美

范行军

我珍爱旗袍。

因为珍爱，私心颇重，想那旗袍大可不必满大街地花枝乱颤。旗袍的历史藤蔓与气韵当属"别树一帜"。旗袍一旦流行开来，美便沦为招摇过市。所以，我赞同王宇清先生《旗袍里的思想史》中的观点："它必须，也只能适应人性，慢慢实现其女性化，这样它才能够生存，才可能发展。"

但是，总有人不甘旗袍寂寞。柳迦柔就是。她放下小说写作，痴心地剪裁起旗袍的风采，直至呈现一本新著《旗袍藏美》。喜欢"藏美"两字，至少它契合了我对旗袍的那种一己之念。不过坦白地说，《旗袍藏美》却是"显性"的，于"旗袍史话""旗袍女人""旗袍时代""袍韵生香"四篇，彰显了旗袍的女性美、时代美、文化美。

《旗袍藏美》的美是写意的。意在女人的高贵、女人的品质，以及女人身着旗袍在情爱中的风致、在战乱中的绽放、在岁月里的静美——通过浓淡相宜的文字与氛围，勾勒韵味。写意韵味之弥漫是《旗袍藏美》的一个风格。这种风格不在旗袍"技艺"上过多纠缠，虽有"款款纽襻儿展奇葩"，且对"纽襻儿的多种多样"也有精微细描，更多的笔触还是针对旗袍女人——张爱玲、林徽因、孟小冬、陆小曼、胡蝶等的渲染。她们的风情佳话早已沉淀为茶余饭后的谈资，但与旗袍的亲密关联还鲜为人知，也不知柳迦柔从哪里探得了那些趣美，调和成粉墨多彩。穿越历史的时光隧道，女人和旗袍摇曳多姿。

我想，柳迦柔还是希望调动那些知名女性、名媛佳丽的特殊身份，"唤醒"旗袍的多姿多彩。好看的是，她又不是专门讲述她们穿了哪些款式的旗袍，而是将旗袍融入她们的生活、爱情、命运，也就呈现了一幅幅旗袍女人的丰满风姿。是旗袍的，也是女人的。

再有，柳迦柔又将旗袍从多种艺术形式中采撷出来，虚中有实——映现。像诗歌《雨巷》中的女子、小说《倾城之恋》的白流苏、话剧《日出》的陈白露、舞剧《粉墨春秋》的女子们，又借助电影《花样年华》中苏丽珍的扮演者——张曼玉说："我非常喜欢我戏中的旗袍"——虚虚实实，淡入淡出，展现了旗袍多姿的别样。

《旗袍藏美》之美还在于美的装帧。如果说封面、插图、版式，是一本书的形式，于本书，俨然也是内容。不说别致的封面，典雅雍容；清明疏朗的版式，呼应文字和谐；就说书中的插图吧，画家的工笔，画作的古意，读来赏心悦目，美不胜收。《旗袍藏美》是插图本没错，要说是升级版的"看图说话"也不为过。总之，美得有些奢侈了。或许，这是对旗袍的一种嘉许吧。

柳迦柔说："我不留恋那个时代，但存在我记忆里的仍然是风情万种的旗袍。"这话很合我意。因为旗袍不属于流行与喧嚣。旗袍是一面镜子，惊艳就在偶尔的瞬间一闪，足以照亮那个时间、那个空间。怦然心动的美，全在那一刻——旗袍的魅力在我看来，如此，就是恒久；如此，《旗袍藏美》一书也才会令人珍爱。

旗袍风采

杜 桥

　　一件做工精致的旗袍，如一位品位高雅的女人。时代变迁，旗袍也在改进；观念更新，旗袍也被赋予不同的意义。从领口到袖口，从扣襻儿到镶边，其中蕴藏的故事谁又能说得清？

　　《旗袍藏美》一书的作者柳迦柔女士，凭借对中华旗袍文化的挚爱以及对中国旗袍历史的观察与研究，以文字和图片展示了中国旗袍的历史沿革及各个不同发展阶段；以灵动飘逸的笔触，描绘了中国旗袍女人绰约迷人的风采。婉约唯美的文字，不仅彰显了精致的旗袍文化，也演绎了品位高雅、雍容华贵的美女名媛。作者以时代的变迁、旗袍的演进以及观念的更新，赋予旗袍文化卓尔不群的内涵。从旗袍中蕴藏的故事，到旗袍女子的多彩人生；从民国名人名媛，到现代演艺界名人的风采，旗袍就像一个摄人魂魄的女子，摇曳生辉，风情万种；在举手投足间，香风微醺，华丽优雅，凌波微步，款款而来……

男士眼里的旗袍

吴秋发

　　一个偶然的机会，柳迦柔大姐谈起《旗袍藏美》要出版，需要一些插图。由于机缘，认识一些年轻的陶艺家，他们专门创作旗袍题材，便顺水推舟地将陶艺家的作品推荐给《旗袍藏美》采用，从而自己也对旗袍有了些许关注。

　　从一个男人的视角，我认为穿旗袍的女人最美，对穿旗袍的女人会另眼相看。穿旗袍的女人或风姿绰约，或纤纤细腰，摇曳生姿，顾盼生辉，含蓄端庄，温婉知性。眼波顾盼之间风情显露，娇媚而不放荡，大胆又不张扬，丰满质感，有那种鲜活而多姿的美，却又不是直白的吸引，在不经意间流露出来的女性的魅力，是若隐若现的诱惑和性感。一颦一笑、一步一履之间都是充满美感、充满风情的。

　　旗袍的清丽，雅致，精巧，美到极致。高贵的旗袍就像茶，清而齿颊留香，含蓄又内敛，情丝绕心。

目 catalogue
录

旗袍时代

袍韵生香

旗袍史话

草长莺飞袍韵生

穿一件优雅的旗袍，踩一款高跟鞋，亭亭玉立，风姿绰约，外在的美与内心的小思绪在心间荡漾，是无数女子的向往。一直喜欢旗袍，不仅仅因为旗袍的优雅，更是因了旗袍带来的一丝丝韵律，能让焦躁的心安静，能让匆匆的脚步稍作停顿，在都市忙碌的时光里，给生活带来种种小清新。

母亲曾经亲手为我缝制了一款旗袍，穿在身上的那天，空中飘着雨丝，我撑着伞，走在小街上，看着脚下延伸的石板路，听着屋檐上不时传来的雨滴声，不禁想起戴望舒的《雨巷》：

> 撑着油纸伞，独自
> 彷徨在悠长，悠长
> 又寂寥的雨巷，
> 我希望逢着
> 一个丁香一样的

结着愁怨的姑娘

徘徊在小街，此时的心境却与彼时戴先生的心境截然不同。他在雨巷中独行，迷惑而伤感，心中充满了期待。我在小街上独行，内心满是感恩和希望。尽管前行的路不知通畅抑或崎岖，却满含朦胧而又幽深的美感。

虽不知偶尔遇上的行人是否将我与诗中的女子联系起来，心下却仍在自恋地想着那时、那人、那情景，一种感觉刹那间钻入心房。

这是一种发自内心的美，美得温暖，美到记忆中的那些往事，情深雨蒙，栉风沐雨。顷刻间时光仿佛倒退了几百年，回到美诞生的那个时代。于是，一个问题萦绕在我的脑海中：旗袍的美究竟源自何处？

历史总是给人一种神秘感，有人说旗袍是清代袍服的变更，也有人提到旗袍是由清代满族妇女穿的袍服演变而来，尽管人们多少有些疑问，但是谁又能否认，自己家族里的先祖们没穿过袍服呢？

从一个家族到一个朝代，旗袍作为一种礼服，在清代即受到了人们的重视。如果追根溯源，最早的旗袍可以追溯到中原地区和少数民族地区的文化交融，少数民族的袍服传入中原，又被汉人所接受，并发展成大众的服饰，成为服装中的一朵奇葩。旗袍服饰的发展变化融合了中华传统服饰的演变过程，无论春秋与隋唐，及至宋明时期服装的发展，对后世服装的发展

陈霖《清音》

都起到了推动的作用。不管是满族还是汉族的服装，融合之后逐渐进行了演变。从清代女子的着装，到民国女子的服饰，服装的发展、审美情趣的提升，都使得旗袍这一服饰变得更加雅致。于是，钟情于服装研究的学者们将现代的服饰定义为从清代的服装演变而来，到民国时期进行了演绎，其中更包括了旗袍这一女子喜爱的服饰。

回望历史，清军入关后，汉族的衣饰即发生了改变。男人将长发编成了辫子，在各种场合上穿出的袍子名目繁多，不胜枚举。而女子的着装则融合了汉、满服饰的特色，满族女子的衣饰宽大镶边，成为汉族女子的最爱。试问，即使在当代，哪一个女子不喜欢及至脚踝的裙裾、精致的花边、宽大的下摆，踩着类似现代高跟鞋一样的花盆底鞋，在微风中听环佩叮当，她们是否也在心里感念于皇太极的"有效他国衣冠、束发裹足者，治重罪"的谕旨呢？

曾见过一张先祖的照片，清末，先祖的衣饰有着明显的旗人印记。小时候爷爷告诉我，旗人的服装最初是长褂子，有大襟，带扣襻，有箭袖，两侧开衩，以方便骑马作战；跪拜时，只消撩起衣服，单膝跪地、握拳作揖。那些繁琐的仪式，则在一膝一跪之间完成。

有一年去抚顺，我特意去了萨尔浒之战旧址。走在路上，耳畔不断地回响起一六一九年努尔哈赤在此反击明军四路进攻的厮杀声、明军惨败的哀痛声。《清史稿》中叙述"萨尔浒一役，翦商业定。迁都沈阳，规模远矣。比于岐、丰，无多让焉"。于是，就有了后来的沈阳故宫。沈阳故宫四百年，不仅承载着清代政治的交替，更见证了服饰历史不断变迁的过程。

"盛京1636"第三届沈阳国际旗袍文化节时，如果到沈阳故宫参观，一定会幸运地看到旗袍服饰展，那些珍藏几百年的真迹，曾经是清宫佳丽的华服，刺绣精致，无论竹叶抑或花朵，都栩栩如生。看了一眼便难忘，走了出去还想回来，恋恋不舍。

曾经观赏过许多与清代相关的影视剧，我们总是随着剧情的展开，更多地关注主人公的命运，却忽略了其中颇费心思的服装设计。其实，每一部影视剧里，必不可少的是服装道具，最让人难忘的除了那些影星和精彩的台词外，还有不同时代的特色服装。

顺治迁都，北京成为都城，也成为旗袍的起源地。八旗子弟征战东西，八旗女子则将旗袍穿出了风范。直筒式的下摆，直直的领子，穿出了二八年华女子的柔和；早年间的旗袍是直硬领式，宽下摆，宽袖子，不收腰，展示了中年女子的柔美；老年女子的衣袍，更是宽襟肥袖，随着细风轻轻飘起的裙边，沉稳中透着一小小不安，却也将悠闲在一瞬间流露。

如果深究，旗袍虽然是女子的衣饰，却历史深远。中华服装从古至今，发生了无数次演变：春秋战国时的深衣，虽分体裁割却连成一体；至秦汉时期，服饰又一次发生了变化，汉代有"深衣制袍"；唐代有"圆领襕袍"；明代的"直身"，长袍宽深，既是文化人的身份特征，也是上流社会的服饰写照。

由于每个朝代的制度和发展特色不同，服饰也各有特色。

春秋时孔子的布衣，战国时楚王的战服，秦始皇的黑色皇袍、汉武帝的宽袍、唐太宗的长袍、宋太祖的朝服、元太祖的战袍、明太祖的龙袍、大清十二帝的朝袍，无不流露出当时的衣饰特色。从朝代的变化看服饰的演变，从细微处让人们看到了时代的发展、国家的稳定。

总有一种心思想撰写有关游牧民族的故事，于是，我用两年时间研究游牧民族，终于发现，袍服或者说旗袍的前身，实际上源于游牧民族的服饰。遍布于世界各地的游牧部落，他们以水为源，不断地迁徙前行，他们的穿着也与这种迁徙的生活相适应：腰部收紧，袖口敞开，前后摆宽大随意，如胡服骑射般，被赵武灵王推崇。

二十世纪八十年代，海峡吹来的一股清风，让无数男女青年喜欢上了西装。原因是这些西装有腰身，裙上配有花边。那时人们对西装一阵风似的从喜爱到追崇，与唐代人们对胡装、胡骑、胡乐的追崇相同，流行与时尚存在于任何时代，开明的思想与时髦的外在表现相结合，促成了一个时代风尚的转变。

在沈阳的繁华地带，有一条古老的大街——中街。透过林立的高楼、鳞次栉比的店铺，在兴隆大家庭的南侧有一处红墙，远处的凤凰楼隐约

旷野 《女人花·红烛》

曹鸿雁《红妆》

可见，近处的红色大门吸引着游人走进这处神秘之地。这里，就是顺治迁都前的皇城。因为生于斯长于斯，我对这座神秘的宫殿有着超乎寻常的兴趣。皇帝在哪座大殿里上朝？皇后和妃子们住在哪里？很多问题在我的少女时代留下无数问号。及至去过几次故宫博物院后，最感兴趣的不是四库全书是否回到了故宫，而是那些展出的袍服，以及袍服如何演变成今天的旗袍。

翻阅史书，终于找到了答案。清代的庆典，对服装的要求甚严。在庆典场合，不论男女都要着袍服，比如皇帝的龙袍、官员的朝袍、旗人男女的各种长袍等。而龙袍与朝袍不属于旗袍的前世，只有八旗女子的长袍才算是旗袍的"正宫"，旗人女子的袍服与汉家女子的服饰进行融合又取长补短后，逐渐演变成今天旗袍的模样。

小时候，一位邻居马奶奶，经常在做完家务后换上一件紫色长袍，衣长到脚踝，元宝形的领子高且直，衬在细长白皙的脖颈上。虽然她的脸上有无数细碎的皱纹，却掩不住曾经的韶华。马奶奶个子很高，虽有些驼背，一袭长袍在身，却并不能掩盖她年轻时的颀长身材。小时候的女伴，个个爱美，看着古董一样的马奶奶，心中都有无数的好奇，却不敢问。

今天从事写作与儿时观察事物仔细不无关联。我看到马奶奶的衣服上都是滚边，领子上的细边、袖子上的窄边、开衩处的长边、前大襟的宽边，每一处镶边都有图案，像一幅画贴在了衣服上，只有看后背，才能找出紫色布料的原形来。几次想伸出小手摸一摸，但看着老奶奶高冷的样子，终未敢尝试。妈妈嘱咐我，马奶奶的衣服是传家宝，千万不能触碰。时光如流水，没过几年，马奶奶去世了，便再也看不到胡同里那个曾经一身紫衣的老妇人了，随着一缕烟尘，她的故事也一同消逝，包括那件紫色长袍。许多年过去，当我坐在电脑前写着这些文字的时候，不禁忆起了童年岁月里的那位马奶奶，她那件紫色的长袍，是我童年时梦的衣裳。

当服饰悄然地发生改变时，清朝也开始风雨飘摇。外族入侵，洋枪洋炮击败了长矛大刀，人民陷入水深火热之中。乱世豪杰涌现，乱世的衣装与洋务运动一样，也开始融贯中西。马甲取代了马褂，长袍开始向短打扮靠近。打破了清规，开放之风流行，而让遗老遗少们留恋的，仍是那风姿绰约的长袍。

秋月里的一天，走在故宫的红墙外，听到鼓乐声声，皇家盛典正在举行。忍不住回首驻足，高绾秀发的宫女穿着镶边的粉色长袍，拎着宫灯在前边引路，后边跟着一笑百媚生的妃子。在众人的簇拥下，妃子胸前搭着的丝帕在微风中飘动，别有一番风韵。

队伍远去，我仍在品味着盛典的场景。眼前仿佛看到了骁勇善战的努尔哈赤骑着战马从萨尔浒的方向驰骋而来，仿佛看到了神武的皇太极骑马在大御路上前行，又仿佛看到大婚的海兰珠身着美丽的袍服在向我微笑……

我站在故宫门前，回首四百年激荡的历史，再次走进宫门，欣赏着从凤凰楼前走过的那些穿着旗袍的女子，不禁感叹：我不留恋那个时代，存在我记忆里的依然是风情万种的旗袍……

曹鸿雁《佳期如梦》

悠悠情思再回眸

南唐李璟在《摊破浣溪沙·手卷真珠上玉钩》中写道:

手卷真珠上玉钩,

依前春恨锁重楼。

风里落花谁是主?

思悠悠。

青鸟不传云外信,

丁香空结雨中愁。

回首绿波三楚暮,

接天流。

一首古词道尽了几多清愁,书尽了几许忧思?读来,不仅沉醉于词中的意境,更从词里寻到时代的印迹。那些窗前情锁眉头的女子,与街巷里打着油纸伞的姑娘,只看一眼背影,便会难忘。而最令人难以忘怀的，是那个背影的曲线美，在隐约的暮色中，看不清她的脸，却因为衣饰，攫取了一颗柔软的心。

此时，时光开始倒流，仿佛看到了林语堂先生笔下《京华烟云》中的姚木兰朝着我款款走来。随着传统桎梏被打破，旧时的袍服被旗袍所取代，开启了真正意义上的旗袍时代。

无论贫穷，抑或富有，哪一个女子不愿穿上一件旗袍？

苏州的女子最是灵巧，用刺绣演绎着人生，不仅将精巧运用于手下的绣品，也将蕙质兰心的细腻体现在了旗袍的设计上。彼时，苏州女子的服饰和装扮，在秀丽风景的衬托下，愈发令人神往。

谁都没想到，一曲评弹催泪下的时刻，民国政府将旗袍确定为礼服。于是，出席宴会的男士，或西装革履挽一青春飞扬的烫发女子，或长衫马褂挽一成熟稳重的盘发女人，女伴的气质不同，着装的色彩也不同，唯一相同的，是服装的样式——旗袍。不同的旗袍穿在不同的女人身上，各种妖娆，各种妩媚，此时，把女人称为风情的尤物，一点不为过。

从清代的皇宫到民国的北京，旗袍从十八镶到鸟兽纹与花饰，从皇家的唯我独尊，到平民女子间的流行，无论哪一种样式的改版，都离不开对女子身材的凸显。而最接近现代旗袍的，则是民国年间女子的衣装。

身着上下装的女学生，上身短袄，样式活脱脱是旗袍的上半部，高领、纽襻儿、宽大的袖子，镶边；裙子则是多皱褶的长款，带有西式风格。穿上收腰短袄与长款褶裙，走在街上，一种飘逸的感觉即刻袭来。

素有"男有蔡元培，女有吴贻芳"之称的民国金陵女子大学校长吴贻芳，在各种场合都留下了穿旗袍的照片，她穿着浅色的旗袍赴美演讲，开展抗日宣传，美国总统罗斯福在与她的交流中，盛赞她是"智慧女神"；她穿着旗袍连夜赶赴教育部，只为去拯救那些上了黑名单的学生；她穿着深色旗袍，庄重地在联合国宪章上签字的倩影永远载入史册。

寂冷清秋，不只是一幅画，有时也是一个人，更是茕茕孑立的女子。

很多人都看过一幅画，画上的女子穿着典雅的旗袍，一把小提琴拿在手里，似乎在倾诉着无限的爱意，曼妙的身段与纤细的手指引出一段段遐思。这个女子是蒋碧微，而作画人是大画家徐悲鸿，这幅画题名为《琴课》。虽然佳话已不复存在，但画上的女子以及女子的旗袍却随着这幅画流传下来，它记录的是一段人生最美好的时光。

或许，年轻的女子都希望自己成为窈窕淑女，从而上演君子好逑的喜剧，生在不同的时代，女子被赋予的命运也各有不同。

曾经有一部剧，名为《旗袍》，描述了民国年间的一位奇女子美丽而富有色彩的传奇人生。原以为这是一部关于旗袍演变的剧目，观看之后，才发现所谓的《旗袍》，讲的并不是旗袍的故事，而是代号为"旗袍"的女艺术家成为女谍报人员的经历。她利用自己的身份，为新四军筹措药品，以满腔的家国

陈霖《茗淡盈馨》

情怀，与形形色色的魔鬼打交道，承受着人们的误解、唾弃，亲手除掉了叛变的初恋男友，与打入敌人内部的地下党员相爱后却又面临牺牲。生命在华美的旗袍下一点点消逝……留下的是关于旗袍的故事，令人感叹。

当战争的炮火打响，那些旧上海的名媛佳丽身着旗袍投身抗日的战场，上演着女子的光荣与梦想。此时的旗袍，已不再是舞厅里达官贵人身边的摆设，也不是马甲加在短袄上的式样，而是更为得体的衣装。追求独立的女性，穿着新式样的旗袍，显露出的是一种知性与孤独之美，在淡雅简洁中流露着庄严的华美和美之魅。

曾经看过两幅张学良夫人于凤至女士的照片，一张年轻的脸，小巧精致的鼻子，匀称的五官，身着改良后的旗袍，宽袖，肩下一朵花，头饰也是一朵小花，搭配协调，显出一种沉静的美，让人不忍心打扰。那时我在想：如此年轻的女子，何以修炼得这般宁静？另一张照片则是她的中年照，格子旗袍，短袖，不张扬，颔首微笑，一种质朴油然而生。也许，因了这分宁静、恬淡，方显宽容大度。只可惜，人世间的许多情爱本身就说不清，更何况一个生在乱世的女子？尽管她曾经后悔没能始终陪伴在爱人身边，却也无济于事。人生苦短，她虽然得享九十多岁的高寿，却难以相伴爱人长眠，不能不说是一种遗憾。

每次去张学良旧居参观，总会不禁在三进院驻足，找寻这位女子留在楼里院内的痕迹，惊叹这位女子该是何种心胸，竟然在旧居外又建了一座宅院留给赵四小姐，虽然不能探及她的心境，但是她穿着旗袍，优雅地穿行于大小青楼间的身影却给人以遐想。"缇妹，我只陪了汉卿三年，可是你却在牢中陪了他二十多年，你的意志是一般女人所不能相比的……二十多年的患难生活，你早已成为了汉卿最真挚的知己和伴侣……为了尊重你和汉卿多年的患难深情，我同意与张学良解除婚姻关系，并且真诚地祝你们知己缔盟，偕老百年！"此时，读着这封信的我，早已潸然泪下。

我们常说，莫要辜负眼前人，其实，恋人的故事得以长存，无不与风物相关。而与风景相衬的，是服饰的美。衣服虽是女子拍照时的陪衬，却将当时的美好定格成一帧帧风格各异的照片，珍藏在记忆的相册中。戴望舒的《雨巷》，让我们不仅了解了雨中丁香的惆怅，更将一种意境存于心中。女子的旗袍，高雅的背影，令人惊讶于古风的韵致，记住了那个美丽的女子。

从《雨巷》里那个愁肠百结的女子，到诗人在白色恐怖下的心境，从失望到希望，又从朦胧中的感伤到心底的幽怨，始终陪伴着诗中人的，竟然是那一袭淡淡的旗袍。

也许，戴先生也不曾想到，这一时代，竟然是旗袍的鼎盛期，如同今天引领时尚潮流的女子一般，二十世纪三十年代的人们，已经有了最时髦的想法。他们将脱胎于清代女子的袍服与西方的裁剪方式结合，使旗袍得到了改进，通常所说的改良旗袍，正是这一时期旗袍的代表作。

不仅当时的上层社会女子穿着旗袍，就连清代的遗老遗少们也接受了旗袍的改良。从当时聚居北京的清代后裔到普通人

旷野 《女人花·青花记忆》之一

家的女子，皆以瘦而长的旗袍为美。高高的开衩、收紧的腰身，将身材高挑的女子衬托得亭亭玉立；那些丰满的女子穿上改良旗袍，更显风韵。在旗袍面前，无论环肥抑或燕瘦，东方女子的曲线美尽现，用"婀娜多姿"来形容，并不能完全表述出旗袍的魅力。

自旗袍在北京出现，无论是大襟的长款马甲，还是民国时期的简便袍服，无不打着时代的印记。从皇家的织锦到百姓的布衣，不温不火中，旗袍由繁到简，与民国的民主之风相得益彰。

"礼服在所必更，常服听民自便"，民国政府的新服制方案让北京城内的服饰呈现前所未有的个性化。想象一下，街上走着穿宫里袍服的"婉容"，挽着一位穿着旗袍的女子，旗袍上镶着滚边，会是怎样的一种情景？

辛亥革命废除了帝制，之后中华民国成立。男人们剪掉了辫子，女人们的服饰也删繁就简，开启了一场服饰的革命。当西方的思想开始影响民国的女子时，最先引领时代潮流的仍然是服饰。从北平到上海，两个具有地域特色的城市，又走在了服饰改革的前端。从二十世纪二十年代的长款宽松、衣袖肥大，到三十年代的腰身收紧、袖子窄小，改良之后的旗袍在女子间迅速地流行起来。

如果说京派的旗袍仍然有些保守的长，那么，海派的旗袍则长短相宜。好友赠送的月份牌中的女子，穿着旗袍，梳着带波浪的头发，即使今天来看这些女子的装扮，仍然觉得很时髦。旗袍的样式和图案都很艳丽，用"淡妆浓抹总相宜"来形容这

曹鸿雁 《对弈》

些女子最为恰当。无论是杂志上还是海报里的女子，穿着经过改良的旗袍，更加凸显女性的曲线美，腰身、胸部以及臀部的曲线完美展露出来。那些富家女子，即使在深冬，也会着一款棉旗袍，外搭一件裘皮，通体华贵；中等人家的女子，则会穿一袭旗袍，搭配一件外衣或者毛衣，普通而不落俗套。

静观厚厚的一摞月份牌，其中的一张上画的是一位穿着粉红色旗袍的女子，怀抱琵琶，似乎弹着民国时的小曲，时而低沉时而高亢，千回百转间，带着几分拘束，又有几分随意。让人联想到，一曲结束，女子迈着碎步走下台去，带起一阵清风，轻拂着旗袍的下摆，淡淡的一抹温情写在脸上，宁静，却也令人陶醉。

有时，一只手袋，或者一件外搭，一个高绾的发髻，便会让女子的美在衣饰间流转。高贵、典雅，这些可以形容女子风韵的词语便会不断地在脑海中闪现。

民国著名作家张恨水的小说《金粉世家》里，前半部分描写的是短款旗袍，后半部分则描写了长款旗袍，语句间将不同的款式描绘出不同的风采。他的书中有多处关于人物穿旗袍的描写，写日本女子樱子初见金家人时，"及至见了面，大家倒猛吃一惊。她穿的是一件浅蓝镜面缎的短旗袍，头上挽着左右双髻……"描写梅丽时，他写道："她换了玫瑰紫色海绒面的旗袍，短短的袖子，露出两只红粉的胳膊……"白莲花则是"穿了一件宝蓝印度绸的夹旗袍，沿身滚白色丝辫……"一股清新的民国风，在他的文字里弥漫开来。

一缕风情锁不住

旗袍的一缕风情，让任何女子都抵挡不住。

夏月的一个夜晚，在街边的一家小饭店，我和女友小波谈论着要写的这本书。对于旗袍，学理科的小波却颇感兴趣，一句张爱玲的"生命是一袭华美的袍"，打开了我的思路。是啊，能将生命与旗袍联结起来的女子，该是怎样的一种风情呢？没想到，看似粗心的小波，却有着极其细腻的心思，一周后的相聚，让我收获了意外的惊喜，更对小波这位学霸敬佩有加。

一套旧上海的月份牌拿到手里的时候，我激动不已。月份牌不仅是民国时代社会生活的缩影，更反映了当时的审美追求。

最早出现的老上海月份牌，时间应该追溯到十九世纪末，西方企业涌入后，诸如香烟、雪花膏等产品需要打广告，于是，为推销产品，月份牌应运而生。这种广告绘画采用中国传统的年画形式，再加上日历，被称为"月份牌"。当时画月份牌最出名的是郑曼陀，他用"擦笔水彩画法"创作月份牌画，又以

杨磊《恋香》

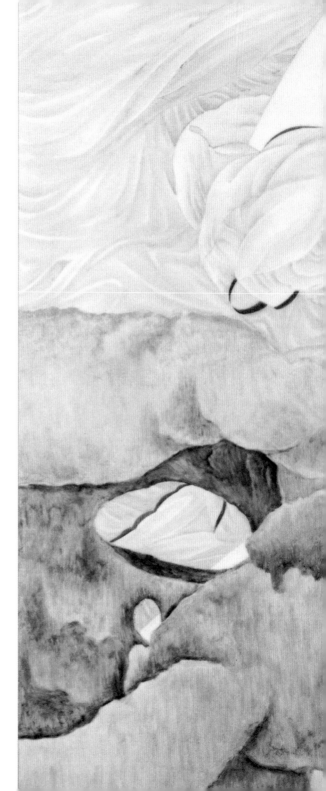

曹鸿雁 《梦醒》

年轻女子为模特，在画中展示了时装元素，具有一种时尚的美。随着"樨英画室"的成立，在杭樨英之后，金梅生和唐西英也先后不同程度地以月份牌的形式，勾勒出当时上海女子的服饰和形象，而当时最著名的时装，就是旗袍。

一份月历牌，让我看到了那个时代的旗袍美女，如同今天的巴黎时装秀一样，见证的不仅是时装的变化，更是时代的变迁。"在虚空中浮现的身着旗袍的影像，如同一种精致的信笺，纵然极淡，也还是千娇百媚，蕴含无限风情……"

穿着高领滚边绣花旗袍的女子，捧着花束，长长的珍珠耳环搭在柔弱的肩上，一副娇媚的样子，令观者别有一番滋味在心头；那位拿着首饰盒的旗袍女子，一根长长的烟嘴夹在指间，虽是广告图，却在古典的韵味中透露出一丝神秘，盒子里究竟装了什么？难免让人产生遐想。对着枯梅沉思的女子，闻着花香的女人，抱着孩子的母亲，倾听留声机的佳丽，无论是穿着外套，还是搭着披肩，最吸引视线的仍然是风情万种的旗袍。

我们都有这样的体验：流行的东西，可能会风行一时，却难以流传。比如二十世纪八十年代的港衫、喇叭裤，还有男青年钟爱的蛤蟆镜，如今在街头恐怕已经难觅。有时候，我们定义的时尚，并不以流行为主。流行，可能只存在于一个特定的时间段里，而经典，则不会随着时间的流逝而褪去光环。

因为，流行是暂时的，而经典则是永恒的。如果非要给旗袍归类，则为经典，且永恒。

如果说二十世纪二十年代的旗袍只是雏形，那么，到了三十年代，旗袍的发展不仅在面料的选择上有了改变，在技术和工艺上也有了很大的改观。可以说，改良旗袍的出现，让旗袍呈现了全新的状态。三十年代，随着电影事业的发展，很多女星身着旗袍的海报让无数女子喜欢上了旗袍，并开始了新的尝试。

旗袍，这一富有美感的装束，不仅迎合了新女性的独立心理，也为女性的生活增添了浪漫的色彩。

称旗袍永恒，更重要的一点，是因旗袍不受外界的干扰，经久不衰。即使抗战爆发，也没能阻挡住女子对这一装束的喜爱。我们在很多影视剧里可以看到，那些打入敌人内部的共产党员，那些在学校里任教的女教师，那些在报馆里工作的女记者，当她们的形象出现在屏幕上的时候，无一例外地穿着旗袍。

只是，旗袍的长度变短，旗袍的袖子也短至肩下。

战乱，让女子的行动不再是小家碧玉般忸怩。在无时不至的危险中，女子的生存有了一定的难度，她们的脚步加快了，生活节奏变乱了。可是，这些外界的干扰只会让旗袍更加简洁而实用。

从不开衩到高开衩，从高高的硬领到低开领，从长及脚踝到缩短至膝盖以上，从长袖到无袖，旗袍的款式在不断变化，与之搭配的服饰也在不断地变化。从平底鞋到高跟鞋，从盘发到烫发，从马甲到毛衫，不只服饰，女子的发式和妆奁也在悄悄地发生着变化。

同今天的明星一样，二十世纪三十年代的明星也拥有一批"粉丝"，她们的粉丝喜爱的不只是女明星本人，还有那些电影海报上的明星装扮。当时的裁缝也很火，火到可以开设培训班，专门教授旗袍的裁剪和制作。只要有一部新电影上映，爱美的女子就会模仿明星的服饰，制作新旗袍，这一点尤以上海女子为甚。

没有哪一个时代像三十年代那样对旗袍这一服饰充满争议。九十年前，《京报》曾经就旗袍是否适合当时女性穿着这一话题展开激烈的讨论，文词犀利，吸引了不少人的眼球。而当时的《良友》杂志，却因每期推出穿旗袍的封面女郎而发行量上升，获得了较好的收益。今天的时尚杂志封面人物照片非明星即名人，或许就是参考了当年《良友》杂志的做法，因为当时的诸多名星名人，如胡蝶、陆小曼等都是封面人物。她们身着旗袍，风情款款，将脱胎于清代的旗袍演绎得恰到好处，影响了一个时代的女子，改变了人们的审美情趣。

新中国成立初期，虽然新女性改穿列宁服和"布拉吉"，但在北京和上海旗袍仍然流行。在正式外交场合，旗袍多为首选服饰，凸显了中国女性的端庄和优雅，在为中国女性加分的同时，也为旗袍这一具有代表性的服饰增添了全新的含义。

"文革"时期，不仅一些人遭受了劫难，陷入迷茫，就连旗袍也在悄无声息中，由台前退到了幕后。宽大的肥腿裤和直筒式上装，让人们辨别不出女性的身形，即使婀娜多姿，也如装在套子里的人一样，绝美却不外露。

旷野 《女人花·花语》

一些女子在耄耋之年回忆二十世纪三十年代时，将她们所经历的旗袍时代称为黄金时代；而在四十年代，旗袍达到了鼎盛时期；当五十年代到来时，旗袍驻足的瞬间，似乎看到了六十年代旗袍隐退历史舞台的悲哀。

　　当永恒的经典成为符号，旗袍如昙花般绽放过，也在瞬间凋谢。

　　时光流转，当旗袍重新被女子们穿起时，三十年已逝，那些曾经如花的女子已经老去，容颜不再，风采不再。而两个情景可以让人们忆起她们曾经的风华——给环球飞行的飞行员送花的女子，身着红花旗袍，一头卷曲的短发，含笑间，粉黛生辉；读书的女子，穿着镶边的红花旗袍，白色的衬里彰显做工的精良，一双纤细的手，捧着书，眼目斜视，偷瞄着摄影的人儿，一颦一笑间，眼波流转。

　　云想衣裳花想容，春风拂槛露华浓。悠悠情思再回眸，几番风景几番愁。也许，世间总有一种情景令人难忘，总有一幅画让人流连，而旗袍，却总是让人有一缕情愫从心底滋生。

曹鸿雁《雨巷》

绵绵思绪忆古风

王宇清先生在《旗袍里的思想史》中写道："旗袍的流行，很叫人不可思议。奇就奇在，它是在满洲人建立的王朝——清朝灭亡后，才出人意料地迅速兴起的……清朝完了。改民国了。新文化运动了。五四也爆发了。西风东渐越刮越劲了。西洋思想越来越香了。但毕竟，与西方的接触，那时候还太少，认识也还太肤浅。"文章不长，却将旗袍的发展用简练的语言概括出来，将旗袍这种内外和谐的典型服饰通过文字的表达，上升到文化的层面。因为女子喜爱的旗袍，"它必须，也只能顺应人性，慢慢实现其女性化，这样它才能够生存，才可能发展"。

此文预见了后来的岁月里，旗袍的改良和配饰的增加。

旗袍影响着一代又一代人的审美。穿着旗袍，女性外在的典雅和内在的贤淑气质总能在一颦一笑间流露出来，而旗袍上的图案，无论梅兰竹菊抑或山水画墨，在流动的旋律里，有诗情也有画意，有文明也有修养，有人体的曲线美更有对社会价

值和人文的思考。正如宇清先生所写："在这个一天天向多元
化演变的世界中，曾经是妇女们当家服装的旗袍，重新又回归
为女性众多的着装选择之一种。我们现在或许可以将这经历过
风风雨雨的旗袍来当作是某种见证。确实，由它，我们好像已
经多多少少地窥见了近一个世纪以来，中国人思想与观念上，
耐人寻味的变迁。"

旗袍经历过清代的兴起和民国的鼎盛，又从新中国成立初
期的流传，直至长达三十年的消失，让无数女性怀恋拥有旗袍
的美好时光。她们将穿着旗袍的老照片珍藏起来，如同珍藏起
过去的岁月，还有曾经的岁月里做过的那些梦。梦中回味的满
是风姿绰约的旧时光，而梦醒时分，却已昨日黄花。

三十年的时光总会让人忘记许多故事，唯有曾经的旗袍情
结让女子们难忘。虽然青春不再，但在余下的时光里，她们总
会将珍藏的图片或者在浩劫中保存下来的一针针一线线缝制的
旗袍拿出来，在灯光下抚摸着，纵有泪花挂在腮边，也无法停
止纷飞的思绪。流年似水，唯有旗袍情怀不变，该是怎样的执着，
让女子们如此倾心？

当寒潮退去，春复归时，沉睡了三十年的旗袍重新出现在
寻常女子的衣橱里。

没有喧哗，有的只是悄然的回归，仿佛一对恋人，在分别
很久之后，依然能走进对方的心里，没有一丝阻隔，有的只是
默契和一往情深。

旗袍回归，给女子们带来无限的惊喜。二十世纪八十年代

旷野 《女人花·镜中花》

没有批量加工旗袍的企业，一些刚兴起的私人成衣铺成为定制旗袍的首选。记得当时"沈飞"地区有一些服装店，其中有一位女子的手工做得很精致，于是，我便和她商量能否加工一件旗袍，女子担心做不好，又说定价高了对顾客不公允，定价低了对自己付出的劳动不公平，那时也不知道市场的价位，只说只要你觉得合适，多少钱无所谓，只要穿上合身好看就行。花去了工资大半，我买了布料交了定金，等了半个月，终于取回来旗袍，在家里对着镜子反复试穿，美丽心情无与伦比。

那时，无论年轻的女子，还是年迈的妇人，都会去店里买上一块儿丝缎，让裁缝量身定做出自己喜欢的服装样式，或长袖或短袖，搭配当时比较流行的手工编织的网衫。刚刚脱下肥大的裤子换上旗袍的女子，虽然有些忸怩，却也敢于走上繁华的大街，一展曼妙的身姿，引来无数艳羡的目光，把这一国粹带回人间。

因为对旗袍的喜爱，不仅喜欢穿上旗袍展示自己，也深深地喜爱上了旗袍文化，更喜用文字表达对旗袍的深情。我始终对定做旗袍的店铺怀有感恩，不时会想找时间去"沈飞"附近转转，可是 N 年过去，当年的一排排店铺早已被周边的高楼大厦取代，现代化的都市里这种老店铺已不多见了。

导演马克弟知道我喜爱旗袍，向我透露了济南有一家从清代同治年间开店，至今没变更过位置的旗袍老店。这极大地引发了我的好奇心。及至去济南时，马克弟放下案头的工作，特意花了半天时间陪我去了芙蓉街。颇具古风特色的老街上，一排排店铺映入眼帘。其中最显眼的莫过于我们要去的玉谦旗袍店。门前没有络绎不绝的人流，有的只是安静的旗袍在橱窗里吸引着路过的人们。入得店内，赫然看到一幅大照片，正是山东省非物质文化传承人，也是旗袍世家的第五代传承人——于仁谦先生。

马克弟向店里迎接我们的一位女子说明了来意，不巧的是，于先生外出不在济南，女子引领我们参观了店里的旗袍服饰，一件件做工精致的旗袍挂在衣架上，等待着他们未来的主人来结缘。看着制作精湛的旗袍，不禁想起对于先生的介绍，据说于先生在给女士做旗袍之前，会先了解顾客的兴趣、爱好，再结合她们的气质选择适合的面料和款式，然后测量尺寸、开始制作，这样做出来的旗袍与旗袍的主人才更加贴合。由此可见，于先生在旗袍制作工艺和旗袍文化的传承上，确实有独到之处。虽然没能见到于仁谦先生，但欣赏了他的作品，也是一件幸事。马克弟安慰我：先生常在大明湖畔散步，也许下次会在那里遇见。

尘世纷扰，忙忙碌碌中，没能再去济南。大明湖畔，也没能遇见于先生。但是芙蓉街上的那家旗袍店，却深深地印在了记忆中。

旗袍得以回归，让女子多了几分欢喜，却也增添了一些烦恼。去酒店用餐，门口的迎宾女子穿着大红的长款旗袍，完美的曲线、热情周到的服务，吸引了一众食客。可是，旗袍被广泛地应用于宾馆酒店，虽然让传统服饰旗袍得以流传，却使旗袍失去了国服的意义。

旗袍始于皇家，原本是华贵的象征，因做工精美而稀有。最见不得粗糙的做工，配以无内涵的身材，完全湮没了旗袍的美，也破坏了旗袍的韵致。幸而本世纪旗袍再度兴起。它曾在绚烂闪烁之后遭遇冷落，当辉煌难再继续时，又独树一帜，重新流行起来。如今，哪个爱美的女子衣橱里没有一件旗袍呢？

经历过旗袍回归时的坎坷，更觉今天拥有一件精致旗袍的可贵。

难忘做教师时，第一次"有幸"遭到校长的批评。不是因为讲课不生动，不是因为工作不负责，而是因为"奇装异服"——穿了一件旗袍惹了祸。当教师的日子里，每天都要换一套很正式的西装，看起来严肃又端庄。因为不甘于隐藏自己的美丽心情，不甘于违背自己的审美标准，于是，在青春的岁月里努力地展示着自己，勤奋到每天更换一套行头，用不同的款式配以不同的颜色，用美丽的心情配以流畅的语言。在面对学生的时候，仿佛自己就是屏幕之后的主持人，用语言加服饰加技巧征服着作为观众的学生们；仿佛自己就是舞台上的演员，用神情加音色加道具吸引着作为艺术赏析者的弟子们；又仿佛……谁的心里还没有一个美丽的梦呢？

喜欢旗袍的清雅，喜欢旗袍的曲线，喜欢旗袍的精致，更喜欢旗袍的风韵。于是，一件银蓝色的旗袍外罩一件湖蓝色的手工编织网衫，时常穿在身上，踩着铃声悄悄地走进教室。并

陈霖 《醉花香》

未如想象的那样在学生中掀起什么波澜，甚至没有小声的议论，学生们的淡然表现确实出乎我的意料。曾经，有过和学生们的关于服饰的谈话，她们说："老师的旗袍很庄重，我们既听课，又欣赏，感觉很好，喜欢老师这样的风格。"

后来，我便被悄悄地"请"进了校长室。

"这是奇装异服。你看咱们学校这么多老师，哪个穿旗袍了？"

尽管给服饰定了性，可是眼镜后面的那双眼睛还是不免在这身旗袍上逗留了一会儿。

"这是中华民族的传统服饰。"

"你影响了教学效果。"

"我今天的教学效果出奇地好。"

一向和善友好的我，居然也会犯上。真佩服自己当时的勇气。

多年后，故地重游，望着校园里的球场，看着孩子们踢飞的足球，我的脑海里不时地浮现出穿着旗袍在课堂上指点英文、激扬心情的那一刻，还有镜片后的那双眼睛。

总是后悔当时因为年轻，有很多话未来得及跟校长说。然而，过去的就过去了，以当时的情景，即使辩论，又能如何？

旗袍是高雅的，穿旗袍的人更应该有很高的素养，那些残存于记忆中的内容都写在了心灵的日记里，刻在了生活的相册中。尽管岁月沧桑，日月轮回，仍然难以忘怀。

旗袍女人

倾城一恋慕红尘

与好友坐在餐厅里，她问我是否读过张爱玲的书，是否记得张爱玲的一句话。我问，是哪一句？友人答曰："生命是一袭华美的袍。"

这么有创意的句子怎会不知呢？这"华美"不仅是穿旗袍女子的端庄华贵，也是秀丽的江南与塞北小城的一道风景，更是大上海繁华里的清闲雅致。张爱玲将生活与生命的风采写在了脸上，穿在了身上，把一个如水般温柔的女子，如精灵般飘逸的女子，如莲花般圣洁的女子那千姿百媚的风情，在凝重的岁月里变成了一个曾经的故事，或者一段传说。

多年前，美丽端庄的蓝蓝姐赠予我一本书，小开本，隐约可见的大红封面，与精装的小书相搭配，若隐若现的图案中，现出"小团圆"三个字的书名，作者是张爱玲。翻开书的扉页，看到一张女子的照片，波浪式的中短发，衬着一张椭圆形的脸，端正的五官，极有韵致。女子细长的颈项外，是高高的立领，

旷野 《女人花·人间四月》之一

一件小袄收腰紧身。想不出这女子的腰身该有多细，才能穿进这样有型的衣衫。虽只有上装可见，却能推测出女子的身材定是高挑纤细。镶着宽边的衣服既有古典的雅致，又有大上海女子的风情。

于是，心里暗想，如果书中的女子穿上一身旗袍，定会将其演绎得千姿百态、风姿绰约。她的端庄抑或婉约，如同张爱玲笔下的人物，无论如何，都会集所有华彩于一身，成为传世佳人。

张爱玲对旗袍的喜爱，从她的《小团圆》里可见一斑。在书中她写道："赛梨坐在椅子上一颠一颠，齐肩的卷发也跟着一蹦一跳，缚着最新型的金色阔条纹塑胶束发带，身穿淡粉红薄呢旗袍，上面印着天蓝色小狗与降落伞。"除了对赛梨的描写提到了旗袍，对蕊秋这个人物，张爱玲也通过她跟旗袍的关系，描述其悲喜心情。比如："蕊秋叫了个裁缝来做旗袍。她一向很少穿旗袍。裁缝来了，九莉见她站在穿衣镜前试旗袍，不知道为什么满面愁容。"虽然对书中人物的心思我们没能过多去思考，但是张爱玲喜欢旗袍这个事实，任谁都无法否认。

就像张爱玲笔下那些精美的文字一样，她身上的旗袍同样做工精美。无论样式还是面料，她都会精挑细选，与精心写着的文字相映衬。镶边的旗袍，必定宽边，大方而得体；旗袍的领口，必定高开，衬得脖颈纤长；锦缎面料的旗袍，必有贵气，华美而柔软。即使是碎花布艺旗袍，仍然不失典雅之美。

习惯于读着张爱玲的文字，想着扉页上穿着旗袍的作者本

曹鸿雁《俏佳丽》

人，试图将这位女子与那些文字分开，却无论如何都难以做到。

穿着旗袍的她，有一股女人的馨香，闻着，就会陶醉。她是灵魂有香气的女子，难怪胡兰成会爱上她，不仅因为她显赫的家世，也因她的名望和才情，更重要的是，这个女子典雅、灵动，安静而又新潮。

曾经有一篇文章描述了张爱玲穿着旗袍出现，带给他人的震撼。二十世纪四十年代《万象》杂志的主编柯灵，第一次见到张爱玲时，她穿着"丝质碎花、色泽淡雅的旗袍，飘飘洒洒宛若仙女般"地来到柯灵面前，见过大世面的柯灵感到像遇到了"八级地震一样震撼"。

抗战期间，张爱玲的小说《倾城之恋》因影响巨大被改编成话剧。当时周剑云是话剧团的主持人，因排练话剧的需要，周剑云约见了张爱玲。张爱玲来了，穿"一袭拟古式齐膝夹袄，超级宽身大袖，水红缎子，用特别宽的黑缎镶边，右襟下有一朵舒卷的云头，长袍短套，罩于旗袍外面"，保留了她一贯的时尚之风。

去拜访友人，她将旗袍穿得恰到好处，即使参加一些社会活动，仍然能保持自己的穿衣风格。报社主办女作家见面会，类似今天的作家沙龙，虽然参会者都是女子，她依然穿着"桃红色的软缎旗袍，外罩古青铜背心，缎子绣花鞋，长发披肩，眼睛里的眸子，一如她的人一般沉静"。穿旗袍的女子，应该是沉静而有内涵的，如此，才与张爱玲的名字相称。

张爱玲的旗袍能让主编、主持人、女作家等一众人欣赏。

旷野 《女人花·醉红》之一

陈霖 《暗香》之一

这分倾心，并非来自美色，而是因为她周身洋溢着的美丽光芒。

为出版小说《传奇》，她去印刷所里校稿。那天，她是穿着旗袍去的，华丽的图案，细窄的腰身，卷曲的长发，让旗袍之美尽显，不仅女子看了惊叹，那些男子们也瞠目结舌。习惯了与字打交道的人们，被张爱玲的旗袍和她的气质深深折服。他们停下了手里的工作，眼光一刻也不离开这位曾经写过许多精巧文字的美艳女子。

今天，当我们重提"美女作家"这个词时，常常将所谓的美女作家的外貌与精致的面庞、玲珑的身材，或者披肩的长发相联系。她们或穿着长款的亚麻服饰，给人一种飘飘欲仙的感觉；或者一身做工精致、面料昂贵的职业装，带出干练的气场。当然也有恬淡素雅的女作家，不太重视服饰的搭配，那些华服与她们似乎无缘。

如果，真有一位女子穿着旗袍出现在新书签售会上或者媒体的摄像机前，定会带来一股清新的气息，融古典美与时尚于一身，不仅能让人们欣赏文字之美，亦同时欣赏服饰之美。

都说旗袍有一股暧昧的味道，就像两个相爱着的人儿。在一个天气晴好的午后，胡兰成与张爱玲走在马路上，那时的她，是多么地爱他。她穿着一件桃色的旗袍，他夸赞那件旗袍好看，而她则淡淡地回答："桃色的颜色闻得见香气。"

这个热爱写作的女子，对生活也是极其热爱的。虽然年少时经历了家庭的变故，她依然是名门的后代，拥有大家闺秀的风范。她能从桃色里闻到香气，定能从生活中找到乐趣。尤其在写作之余，她痴迷于旗袍的各种设计，并因此而感悟："人们没有能力改变他们的生活情形，他们只能够创造贴身的环境，那就是衣服。我们各人住在各人的衣服里！"

正如恋爱中的男女难以抵御对方的魅力一样，旗袍的魅力，同样也会令女人们迷恋。独倚栏杆，女子的心事裹在旗袍里，静听流水的声音，有无数心事倾诉；莲塘边，一支小荷透着尖角，穿着旗袍的女子，墨绿的莲叶与粉红荷花的图案在水中映出倒影，清风拂过，裙摆飘起，风般的思念，荷般的依恋。

只可惜，张爱玲与胡兰成的爱情并未进行到底，最终以分离收场。当她离开家园，来到美国，仍然不失当年的风韵。曾经的才女、作家，曾经的民国旗袍代言人，那个心灵手巧的女子，穿戴着自己剪裁的旗袍从东方走向西方，将东方的古典美带到异域他乡，吸引了无数驻足的目光。按照今天的理解，张爱玲一定是位不折不扣的"旗袍控"。

她给自己设计了各种旗袍，穿着于不同的场合，所到之处，都会引起男人的遐思、女人的羡慕。即使一身蓝花织锦旗袍，也让她在美国的作家面前成为另类。一贯奇装异服的美国作家，以大胆离奇的着装为特色，却在身穿旗袍装的张爱玲面前黯然失色，时而沉默，时而尖叫。

也许，光阴流逝，带走了女子俏丽的容颜，却带不走女子沉淀的风韵。张爱玲不仅以旗袍的高领和纽襻儿让异国人士惊叹，更以东方女子的端庄稳重和淡定吸引了众人的视线。她仪

杨磊 《如约》

旷野 《女人花·春语》

态万方，姿态优雅，浅笑间，眼波流转；她纤若杨柳，婉约至简；移步间，风韵犹存。

这位喜爱旗袍的女子，富贵之时，以华服示人，却还说："要紧的是人，旗袍的作用不外乎烘云托月，忠实地将人体轮廓曲曲勾出。"你让那些没有轮廓的女子怎么想？

不管怎么说，张爱玲对旗袍的喜爱，不仅是那个时代对服饰的追求，更是个人气质的展现。即使在二十世纪七十至九十年代的美国，她仍然一袭旗袍在身，复古中透着浓浓的乡情。

生活困顿之时，她依然一身旗袍，即使没有当年的华贵，也在简朴中保留着自我风范。当死亡临近，她仍然穿着改制的旗袍，虽凄然，却依然演绎着她对旗袍的爱。

世上再没有女子如她一般地喜爱旗袍，从生命开始到落幕，从少女时代的小花，到青年时期的华美；从中年的素雅，到晚年的深蓝，她在解读文字的同时，也将旗袍演绎，虽然不够完美，却留下了无数的故事。"她是陌上游春赏花，亦不落情缘的一个人。"

昨夜晚读，不知不觉进入了梦乡，似乎看到了海上有细雨飘落，一处古旧的院落里站着一位身着旗袍的女子，微风拂过，落下点点桃花，粉红的，淡淡的。女子躬身拾起落花，闻着花香，嘴里喃喃道："桃色能闻到花香的味道……"

于是，耳边传来了轻柔的声音："娶了红玫瑰，久而久之，红的变了墙上的一抹蚊子血，白的还是'床前明月光'；娶了白玫瑰，白的便是衣服上沾的一粒饭黏子，红的却是心口上一颗朱砂痣。"

"我们都是寂寞惯了的人。"

"对于三十岁以后的人来说，十年八年不过是指缝间的事。而对于年轻人而言，三年五年就可以是一生一世。"

"你年轻么？不要紧，过两年就老了。"

"无用的女人是最厉害的女人。"

"牵手是一个很伤感的过程，因为牵手过后是放手。"

"普通人的一生，再好也是桃花扇，撞破了头，血溅到扇子上，就在这上面点染成一枝桃花。"

这个夜里，我做了一个完美的关于旗袍的梦。

红伶忧愤过眼云

　　见过一张阮玲玉的照片，高领旗袍外搭一件披肩，只露出旗袍的领子，略微卷曲的短发别在耳后，只露出耳坠，娥眉粉黛；近处的竹篱笆外，有一片树林，远处分不清是山峦还是平原。虽然是黑白照片，却真切地看到了这个女子的风采，就像当年的校花，只要看了一眼，就会难忘。

　　有些女子，在深宅大院里长大，满眼都是黛玉似的幽怨；有些女子，在弄堂里扎根，却有着一副天生的好容颜。阮玲玉应该算作一个。大上海的小弄堂，沁园村9号，对于妙龄女子来说，永远充满了神秘的色彩。而这个让人缅想的女子，则有一段传奇留在人间。

　　几年前，我对"烟视媚行"这四个字了解得不够深，也曾有编辑在书的序言里形容我为烟视媚行的女子，当时并不喜欢这个词，总以为是贬义，后来看到阮玲玉的照片，复又想起这个词。其实它并不是贬义，用这个词来形容阮玲玉，最为恰当。

阮玲玉被称为上海最骨感的美人，不仅她的身材让所有的女子艳羡，她的面貌更是天生让女子们妒忌、男子们倾慕。一双会说话的眼睛，再加上身上的一袭旗袍，无论是滚着宽边的旗袍还是软缎的旗袍，都能显出她独有的贵气。即使穿上棉布的格子旗袍，她仍然不失华美，在朴实中透着一股灵气。

　　与众不同，永远是阮玲玉的风格。而旗袍，这一民国的普通服饰，又为她增添了风采。如果不是在那个对舆论感到惧怕的时代，如果不是遇人不淑，阮玲玉不会在二十五岁的如花年华里结束自己的生命。生如夏花之绚烂，阮玲玉作为电影界的明星，生命虽然短暂，却如花般绽放。她是一朵玫瑰，艳丽却不娇柔，在飘摇的风雨中为自己寻求一条解脱之路。

　　虽然只想写写阮玲玉的旗袍，可是却绕不开与她相关的故事，就像她喜欢旗袍，我也喜欢旗袍，因为旗袍，我也深深地关注这个女子。尽管她已经逝去八十多年了，那些不为人知的秘密却并未随着她的逝去而消失。

　　在那天晚上，对于阮玲玉来说，生命无比沉重。刚刚上映的《新女性》受到了那个年代人们的非议，前任跟自己打官司，与现任又刚刚发生了争吵，内外交困，对于一个女子来说，这个夜晚是多么难耐！

　　她不是贪图享受的人。当初，为了圆父亲的一个梦，她去当了演员，走上了银幕，成为人人羡慕的明星。随着声望渐起，她美丽的容貌也招来了蜂蝶，其中，不乏那些花花公子。毕竟，她是保姆的女儿，无论社会地位怎样提高，她也无法改变自己

陈霖《满庭芳》

的出身。张姓男子的贪婪，蔡姓男子的懦弱，唐姓男子的滥情，都让这个二十五岁的女子承担着心理重负。她无法摆脱张姓男子的纠缠，就像今天的公众人物一样，如果走上法庭，将隐私公之于众，她不知自己该如何面对世人。

对女子来说最伤心的事莫过于在遇到人生最大难题的时候，曾经喜爱她的男人玩了变脸术。在阮玲玉这个小女子最需要关爱、最需要支持的时刻，唐姓男子却与她发生了争吵，甚至还动手打了她。不知当时与她同住的母亲是否听到了争吵声，只是后来，当她跟母亲说想吃一碗面的时候，母亲很快做好了面，端给了她。

不知道她是如何咽下这碗放了安眠药的面条的，想来，她的心里一定很难受。疼爱她的父亲去了，丢下孤独的母女二人，她靠着自己的辛劳，挣钱养家还养着男人。当唐姓男子走进她的世界，张姓男子又岂肯罢休？不仅向她索要了两年的费用，还要走上法庭控告她。事业和家庭的双重压力，将这个小女子击倒。

但被击倒的，不只是她的身体，还有她的内心。

不管一个人如何强大，一旦内心的支柱坍塌，无论如何都无法再支撑下去。一个女子，任她多么美丽，在面对死神时，又该需要多么大的勇气！

难以想象，那个穿着旗袍的女子，坐在灯下写着遗书、阐述着自己死因时的决绝；那个裹在美丽旗袍中的女子，一定是含着泪水，吃完了母亲做的那碗面的；那个有着一柜子旗袍的

曹鸿雁《雨丝》

杨磊 《佳人如梦》

女子，在挣扎的片刻，是否会无比留恋地看着自己的那些精致的旗袍？

近十年的时光，让阮玲玉成为家喻户晓的演员，她拥有无数粉丝，她是那个时代的明星。

可是，在动荡的年代，她所向往的生活并没有实现，包括她的爱情。

当她穿着华美的旗袍，与同事们相拥之时，没有人相信她会自杀。她用旗袍的美，掩饰了自己内心的悲凉。当宴会上，那个明艳动人的女子，以一身旗袍吸引一众目光时，谁能想到，外表光鲜的女子，内心却在滴血。

阮玲玉出殡时，人们扛着她的棺木，上边是她的照片，仍然一抹笑意，一身旗袍。这个逝去的女子，因穿着旗袍的样子，给世人留下了深深的印象。后来，据说女子们去电影院观看她的电影时，都会穿上合体的旗袍，以纪念这位心灵备受苦难折磨的女子。

虽然这个女子去了，但她的表演才华并没有被遗忘。她留下的无数作品，都让人难忘。直至今天，当我们忆起这位佳人，仍然对她的演技赞不绝口。《挂名夫妻》圆了她的电影梦，《故都春梦》和《神女》让她的演技日臻成熟。如果说今天的电影需要票房来支撑，那时的阮玲玉就是最有票房影响力的演员。

一些女子不满足于自己的生活，可是，与阮氏比起来，至少她们还拥有真爱。不管是白领还是居家的女子，即使经常穿着职业装，紧张地外出打拼，仍然可以着一件旗袍，回想着旧日的时光，在杨柳岸晓风残月时，与心爱的人卿卿我我；又或者，寻茶馆一隅，弹一首古筝曲，让旗袍与音乐为自己带来心灵的盛宴，穿过时间的隧道，回味古典的美。那一刻，时光驻足，美丽永存。

穿旗袍的女子，总能在沉湎于爱人怀抱的时刻，将外在的柔软与内心的坚强相融合。虽然阮玲玉也是那么坚强的女子，可内心毕竟是孤寂的。她扮演的那些女子，不是被戕害的风尘女人，就是饱尝凄凉滋味的哀怨女子。她的悲剧就像她饰演的人物，那些无缘的、那些悲伤的、那些心高气傲却命运多舛的女子，就像一个个魔咒，附在她的身上。到最后，她终是没能躲得过命运的安排，一腔悲戚，昙花一现于世上。

花有花语，人有人的心事。怀君潜入夜，不都是美丽的希冀，也有从噩梦中醒来，却与尘世隔绝的无助。一款旗袍，带给人们的是优雅，而身穿旗袍的女子，留给世人的，却是不同的故事。

有些女人注定是这尘世里的一道风景，有些女人必然是这风景里的一个故事。

阮玲玉的时代毕竟结束了，她虽然贵为影后，她美丽、勤勉，却逃不脱命运的纠缠。在她短暂的二十五年的时光里，也曾经有过美好的追求美、追求爱的日子，可是，单纯的她，却被男人的谎言所欺骗，成为他们的牺牲品。

在那个遥远的妇女节，这个曾经穿着旗袍，戴着长长的珠链，鬓上插着一朵花的女子，随着沧桑的岁月离我们而去。留

旷野《白百合》

旷野 《女人花·春曲》

下的只是——就像《阮玲玉画传》封面上所写的——"她比烟花寂寞"。

即便如此,她仍然撼动着我们的心,因为,她曾经是那个时代最美的女子,也是深爱旗袍的那个人。

写着关于阮玲玉的文字,回顾她一生中的过往,心里感到隐隐地痛。这痛楚,源于对阮玲玉的怜惜,更为阮玲玉所遭遇的种种不幸而鸣不平。如果,阮玲玉生活在我们这个时代,一定会是另一种情形。明清册的徽派建筑里,她会和姐妹们一起穿着旗袍,在雪地里找寻三叶草的影子;在廊檐下,穿着旗袍、弹着古琴,请摄影师拍照;也许,在故宫的凤凰楼上,灯火通明里,她会和恋人俯瞰着古城的风貌;也许,还会有更多令人难忘的情景,而这一切,都与旗袍和阮玲玉有关。

写着与阮玲玉有关的故事,写着属于她的旗袍世界,我突然有所感悟:活着的人们一定要珍惜这世间的美好,穿着旗袍的女子更要珍惜拥有旗袍的时光。因为死亡,只能带走忧伤,唯有活着,才能让美丽永恒。

才情兼备四月天

那时的他们是多么年轻。男子清癯，深色的礼服，头发光亮，剑眉高耸，鼻梁坚挺，戴着圆圆的眼镜，即使在现在，这身装扮仍然不过时。他的身侧是新婚的妻子，镶珠的帽子下是长长的带子，一款镶边的旗袍，虽然年代久远，仍能看出旗袍的面料上乘，应该是丝缎之类。据说结婚礼服出自新娘之手。

那个年代，很少有人自己设计结婚礼服，可是对于才女林徽因来说，却一点都不稀奇。因为设计，她成为名人，而更能让人们记住她的，则是她的文字，还有她的那些故事。

透过流年的纱幔，我们品读一位女子，建筑大师也好，诗人才女也好，都离不开她的服饰。从她的服饰里，我们可以品出时光的味道，不是旧时光的黯淡，而是一首耐读的诗歌。诗里，有一位穿着旗袍的女子，她有着松散的卷发，迈着轻盈的步子，从远处款款走来。仿佛人间的四月天里那一束淡淡的紫丁香。远远地，我们闻到了她的香气；及近，却发现，她不仅颜色好看，还有着深深的内涵,这个温婉的女子,除了林徽因,还能是谁呢?

最早了解林徽因是在电视剧《人间四月天》里,那个与徐志摩志同道合、看上去很般配的女子,他们一起读诗,一起研讨问题,他的《再别康桥》让无数人记住了他,还有他与她的故事。在观赏电视剧时,期盼着两位主人公能走到一起,给电视剧以圆满的结局;同时随着剧中的故事情节一点点铺开,又不时地纠结着,原配夫人是多么温和,离开了实属可惜。可看着看着,即没有了期盼。最后的结果,林徽因终究没能嫁给徐志摩,这个结局有些出人意料。

按照当时浪漫的想法,真想将剧本修改,让林徽因嫁给徐志摩。因为彼时,张幼仪已经同意离婚,徐志摩已然一身轻松,他未娶,她未嫁,有万千个理由让他们走到一起。可是她并未选择他,而是嫁给了梁思成——梁启超的儿子,也是后来的著名建筑大师。

徐志摩为林徽因写了很多诗,为了和她在一起,他抛妻别子,即使后来有了别的女子闯入他的生活,他的内心依然爱她如初,可她终究还是没有选择他。

也许,她预感到自己嫁给娶过妻子的男子,日子一定不会好过;也许,他的浪漫让她感受到了今后生活的不安定——诗人的浪漫情怀时时需要有新的爱的血液注入;也许,她为了保持与他之间那分纯纯的友情,不让这友情染上一丝杂质。她便嫁给了梁思成,他们成为专业上合作最默契的伙伴,成为中国建筑史上一对著名的伉俪。

林徽因与梁思成在加拿大渥太华结婚，林徽因亲自设计的旗袍款礼服引来无数人瞩目。婚后，她随着他去欧洲考察，所到之处，她外在的美丽与内在的气质，在旗袍的衬托下更显脱俗。即使在艰苦环境下，到边远地区搜集古建筑资料，她仍然以身着旗袍的端庄形象出现。

　　古建筑的檐瓦上，林徽因身穿旗袍与梁思成并肩靠在一起，身边放着编织凉帽，身后是古典雕塑。或许是工作间隙的小憩，让他们留下了这帧难忘的合影。虽然是黑白照，也足以说明他们的恩爱，而如此钟情于古建筑的佳丽也是屈指可数。

　　因为钟爱，而志同道合；因为热爱，而甘于奉献。据专业人士介绍，林徽因与梁思成夫妇堪称中国古代建筑

曹鸿雁《花之韵》

陈霖 《琴润春色》

研究领域的开拓者。建筑与装饰，是林徽因的主讲课程，清华园里的学子，喜爱这位集美丽与才华于一身的女教授。让他们难忘的，不仅是她所讲授的课程，还有她穿着旗袍走进教室的一瞬间，带给他们的视觉冲击。

她也年轻过，在一群穿着旗袍款短袄长裙的学生中间，她显得成熟；而她自己，当年也曾梳着辫子，穿着短袄与长裙。她喜欢校园的宁静，在湖畔晓风吹送的时刻，也曾经忆起自己的童年和少女时代。那时，她写诗，他也写诗，可是，随着她的成长，那些风花雪月的日子，永远成为了回忆。

她穿着旗袍的身影，定格在他的生命中，随着时光的流逝，他匆匆的人生，从此陨落。而她，则在辛苦操劳后，患了重病，终于也离开了这个世界。留下的，是她的诗歌，还有她的论文。

而我，最怀念的，是她永远在领口结着三颗精致的纽襻儿的旗袍。她的宁静，不仅因为她的人，或许还因为她的旗袍。

有人说她喜欢喧嚣，所以，有了家里的"太太客厅"。其实，"太太客厅"与寂寞无关。这里没有权贵的利益交换，也没有交际花的纸醉金迷，这里聚集的只是一群学者。在这里，可以谈论文学，交流观点，探讨人生，因此，许多文人雅士都是这里的常客。

一个优雅的环境，一款独特的旗袍，配上一个灵动的女人，她不时地为你添上茶水，她出口成章，她能谈出自己的观点，她还是著名的建筑学家、梁思成的妻子。或许，这也是"太太客厅"的特别之处。

不要以为才女都是不食人间烟火的。这个看上去孱弱，有着仙女身材的女子，也食人间烟火。她也有自己的孩子，也像所有的主妇一样相夫教子，为孩子遮风挡雨。

她与孩子在花园里嬉戏，仍然穿着领子上有三颗纽襻儿的旗袍。晨风吹过，一丝寒凉处，她的高领外搭着一条丝巾，在风中飘动，与她的眼睛一样，灵动而妩媚。有如此母亲呵护，那个孩儿该是多么幸福。

这个女子不仅钟情于建筑，更钟情于文字。她对诗歌的爱好，让她与印度著名诗人泰戈尔结下了深深的友情。当泰戈尔来访时，她为他做翻译。可以想象，当时参加活动的人该有多么幸运。一位穿着旗袍的女子，用诗一般流畅的语言，翻译著名诗人的作品，她明净的脸庞，浅淡的笑意，立领宽松的长旗袍，让人们不仅感受了诗歌的唯美，更体验了优雅的女性美。

无论有多少异国友人在场，她永远是热点；他们尊重她，不管多少人拍照，永远留给她一个前排的位置。而她，则在旗袍外罩一件皮大衣，在冬季的寒风中，茕茕孑立。与其说她孤傲而娇媚，不如说她像一朵蜡梅，盛放于寒冬，有梅的高雅，有兰的宁静；又如含苞的兰花，不待怒放便已馨香满室；亦如恋人手中的玫瑰，满是期待与梦幻，高贵与纯洁同在，温暖与清丽共存，为晦暗的隆冬带来暖意。

每一段人生都有自己的轨迹，我在搜集东北大学老建筑的资料时，看到过关于中国第一位女建筑学家林徽因的记载。这位曾经在东北大学担任过建筑学教授的女子，我为与她曾在同

旷野 《女人花·花的记忆》

曹鸿雁《求知》

一座城市工作而自豪。前几日，去探望住在湖畔佳园的叔叔婶婶，站在高层住宅的落地窗前，俯瞰着楼下碧波荡漾的南湖，还有茂密的小树林，竟然隔湖望到了一片高低错落的红楼，"东北大学"的标识赫然入目。叔叔告诉我，东北大学部分学院已经搬到新校区，这里是老校区。我惊叹于东北大学的建筑，在现代都市的高楼大厦里，仍然保有自己的特色，如同曾在这里穿着旗袍、留下过印迹的林徽因一样，只消看过一眼，便是终生难忘。

当我即将结束这篇文章的写作时，仿佛还有很多要写的东西。而此时我的眼前出现的不仅是林徽因的旗袍，还有林徽因与徐志摩联袂主演的戏剧《齐拉德》的片段，我仿佛看到林徽因设计的《悭吝人》的全部舞台布景。我又一次为这位才女所倾倒。

总想听那些旗袍的故事，而忽略了穿着旗袍的那些女子。

与林徽因的邂逅，不止是书中的文字，还有梦中的旗袍。那分平静，那分娴雅，还有那三颗纽襻儿的衣领，这些遥远的人与景物，无一不让我留恋。

诗韵年华意阑珊

　　无论张曼玉如何将自己打扮成摩登的模样，都摆脱不了人们对她的印象，这个印象就是电影《花样年华》中那个穿着旗袍的女子。

　　旗袍虽无言，穿在她的身上就变得灵动。她修长的身材，优美的曲线，一头乌黑的秀发，加上精致的脸上那两个浅浅的酒窝儿，粉黛略施，细长的丹凤眼，一笑百媚生的样子，竟然让我忘记了她是现代的女子。她也可以穿牛仔裤，留披肩发；她也可以穿西装套裙，剪上一头细碎的短发；再或者，穿上一款长风衣，系上一根宽腰带，再搭配一条丝巾在颈上飞扬，留给人们一个现代女神的印象。

　　可是，因为《花样年华》这部电影，只要有张曼玉的消息，脑海里注定是她的那些旗袍。虽然时间已过去很久，仍然有一个女子穿着不同颜色和质地的旗袍，在你的身边走过，随着流动的韵律，留下一个婀娜的背影，然后嫣然一笑，走向小巷的深处。

当我们找到她时，却看到又一番景致：一处鲜花盛开的庭院里，摆着石桌石凳，桌上摆着古筝和书。女子弹罢一曲，拿起了书，站起身来吟诵着书里的句子：

东风夜放花千树。更吹落，星如雨。宝马雕车香满路。凤箫声动，玉壶光转，一夜鱼龙舞。

蛾儿雪柳黄金缕，笑语盈盈暗香去。众里寻他千百度，蓦然回首，那人却在，灯火阑珊处。

时光退回到宋代，眼前的女子却是身着旗袍，说着带有港味的普通话。于是，我们又看到了《花样年华》里的女子，伴着满庭的花香，向我们走来。古典气息与现代思绪在身边弥漫开来，将曾经的那种孤寂化解在古筝曲里，带着一抹浅笑，回到了现实世界里。

喜欢《花样年华》里的旗袍，尤其是那旗袍的领子。无论哪一款，只要露出一点点，就会让喜爱旗袍的女子心动。旗袍的领子，在旗袍世界里至关重要。想来，为《花样年华》设计服装的设计师，一定对旗袍的衣领情有独钟，一定在旗袍的衣领上有独到的设计方式，不然，这部电影热映之后的许多年，人们为何仍念念不忘那些旗袍，还有那些让人引以为自豪的旗袍衣领呢！

人们喜欢《花样年华》里张曼玉穿过的二十三件旗袍，每一件的花样都不尽相同，款式也有变化，人们也在探究：这些旗袍出自何人？

在人们的想象中，一定是一位喜爱旗袍的女子设计出了这些令人难忘的旗袍，其实不然。《花样年华》的美术指导和服装设计师是一位男性，被圈内人称作阿叔的张叔平。因为热爱，他和自己的旗袍设计团队为电影中的张曼玉设计了符合人物和时代特性的旗袍，配上王家卫导演如诗一般的电影语言，让电影中的女主人公通过旗袍这一服饰，展现了不同场景下的不同心境，诸如：女主人公心情愉悦时，会穿上色彩明艳的旗袍；心情落寞时，会穿着暗色的旗袍；外出购物时，会穿上带有条纹图案的旗袍等，每一套旗袍的转换，都将电影语言和服饰语言紧密结合。

绿色，不仅意味着生长与平和，还代表着希望。当女主人公穿着水绿色的旗袍站在男主人公面前时，原本的希望却化为了泡影，于是，就有了"那是一种难堪的相对，她一直羞低着头，给他一个接近的机会；他没有勇气接近，她掉转身，走了"这样的结局。

读书，可以记住一个人物；观影，也可以记住一个人物，而让人们记住一款服装，则需要一定的功力。随着时间的流逝，我们可能记不住电影故事的情节，却能记住电影中风情各异的服装造型，由此可见这部电影的服装师下了莫大的功夫，从而取得如此效果。

且不论张曼玉这个女子是否有不食人间烟火的气质，单是眉眼间的美艳，就足以让观看电影的人们为之倾倒，再加上旗

陈霖《听雨》

袍这件利器，立即就有了杀伤力。似乎万千寻觅中，唯有美到极致的女子，才是穿旗袍的最佳人选。窈窕淑女，笑靥如花，她的温柔让人无法抵挡，举手投足间，优雅万千。

有记者采访张曼玉时，她说："我在戏中穿了差不多三十套旗袍，有花的，有素的，有深色的，有浅色的。这一穿就是一年多。我非常喜欢我戏中的旗袍。"不只主人公喜欢，我们也喜欢啊！有多少女子在观看电影后，找到已经关门的服装店，要求老板赶紧开门给做一件旗袍。有多少女子为了寻一件旗袍，跑遍了大街小巷，却仍然没找到最中意的那一件，只好失望而归。记得我当时找到了经常为自己做衣服的店主，让她帮忙做一件旗袍，可是，旗袍做好后，因为不够合体，一直没能如愿地穿上。直到在万千人中，遇见了著名服装设计师爱君妹妹，旗袍梦才得以再次实现。

旗袍必须量身定做，每一个人的身材不同，买来的旗袍尺寸也许会有误差，会影响美观，达不到穿旗袍的目的。也并非每一位女子穿上旗袍都会如张曼玉般美丽。她比较瘦，双肩细削，穿上旗袍有一种骨感美。她适合各种色彩，无论华美抑或简朴，与她精致的妆容都能搭调。当然，写这篇文章并不是打击喜爱旗袍的女子，你可以穿旗袍，但一定要穿得美，穿出韵致、穿出风采。

能穿出旗袍韵致的定是高挑清癯、清秀而娴静的女子，矮胖又浑圆的女子穿旗袍一定要面料花色尤其剪裁都要到位。即使旗袍能弥补身材的缺憾，还是要注意保持良好的生活习惯，女人，不一定以瘦为美，但要身材匀称，才能当好一个衣服架子。毕竟，美是要付出代价的。每天暴饮暴食，又妄想有个好身材，然后，穿上旗袍顾盼生辉……或许，这只是一个梦而已。

张曼玉的好身材是修炼出来的，她的饮食以素食营养类居多，加上在拍摄《花样年华》时曾经大病一场，本来就很瘦的她，在大病后穿上旗袍，更显瘦削。那样的张曼玉在演绎人物时，竟然让无数女子眷恋着，羡慕着，遗憾银幕上那个女人为什么不是自己。

要塑造好一个人物，除了修炼好身材，还要有一定的文化积淀。注重学习的张曼玉，有一定的文化素养，积淀得多，才能把握好人物的内心活动，才能演绎好苏丽珍这个人物。

难以驾驭的不是各色的旗袍，而是旗袍包裹下的涵养。

尽管张曼玉接受的西方教育也曾经让她个性张扬，但是，穿上旗袍，她的内心就会安静下来。也许，旗袍的独特妙用就在于此。

我曾看过几场旗袍秀，鱼贯而出的模特，将两手优雅地端在胸前，前行的每一步都带着节奏。她们面带微笑，从容不迫，观看时，恍惚间，时光驻足，仿佛张曼玉向我走来。于是，有了一种别样的体验——旗袍是带来美的一种香气，只有欣赏它的人才可以驾驭。

记不得是哪位大师说过：旗袍是一种厚重的、老于世故的美，细瘦浑圆的衣型下最适合包裹一颗受着欲念和矜持双重煎熬的心。最经典的旗袍颜色是带有一点悲剧感的，譬如墨蓝、

旷野《女人花·醉红》之二

杨磊 《朝颜若诗》

深紫、玫瑰红、鹅绒黑。穿旗袍是要有资格的，这种资格不是年轻貌美，而是成熟的女人味，有足够的人生阅历，有内敛的外表与风流的内在，容貌上的垂老反而相得益彰。就这一点而言，旗袍这种服装是值得尊重的。

如果用"顿悟"形容理解旗袍的感受，一点不为过。《花样年华》里的旗袍都是有色彩的，不论是花朵图案，还是素雅的颜色，都与人物的个性相对应。在演员表演到位的同时，服装这个作为衬托的道具，亦在电影里发挥了重要作用。

所以我说的上述那段话，是来形容张曼玉这样的女子的，包括她演绎的那个人物。

因为电影，人们喜欢上了张曼玉，更喜欢上了她在电影中穿着的旗袍。看着电影里的主人公，没有一个男子不心动；看着主人公身上的旗袍，没有一个女子不倾心。

因为电影，现代的女人们喜欢上了旗袍，找回了古典的爱恋。

当一部又一部带有旗袍韵味的电影出现时，人们可能记不住剧情，却记住了那些旗袍。

旗袍的魅力，是相遇时的一种吸引；是相知后的一分安静；是喧嚣里的一抹风景。演员们赋予了旗袍生命，而旗袍，则为演员们带来了声誉。

旗袍展示了女子的美，也将一颗躁动的心掩藏。旗袍如曼玉般温婉，又似一本翻开的书，耐读，又总也读不透。读着读着，就会走进如诗的世界，看到更加奇异的景色。

旗袍时代

魅力国裳成典藏

　　王凯先生在《长衫旗袍里的"民国范儿"》一书的简介中写道："这是一个色彩斑斓的时代，这是一个特立独行的时代，这是一个典雅从容的时代，更是一个有脊梁有气节有风骨的时代，当然也是一个饱受战祸和灾难摧残的时代。在这个时代里，文人有文人的范儿，武夫有武夫的范儿，名媛有名媛的范儿，市民有市民的范儿，艺人有艺人的范儿，政客有政客的范儿。各种元素纷纷出场，或时尚，或传统，或智慧，或愚昧，或高尚，或卑鄙，或光明，或黑暗，构成了一个多元的民国，一个如今已然绝迹了的民国。"书里叙述的是民国旧事，却用了"长衫旗袍"这两种服装的代称，不仅寓意当时具有代表性的服装，更是对旗袍的肯定。也许，提起民国，人们不自觉地就会想到旗袍，那些穿着旗袍的女子，或名媛，或艺人，或市民等，构成了一种民国范儿。

从民国到今天，旗袍就是一道风景，走过了百年时光，无论岁月里的安宁，还是喧嚣；无论战争年代，还是和平时期，旗袍的清绝与傲然始终跟随着不同身份、不同性格的女人。不管是低首垂目时的含蓄，还是张扬外向时的孤傲，旗袍于哀婉凄美处，在万种风情间，荡涤着红尘。洗尽铅华，余下的，在华丽转身的瞬间，成为经典。

百年旗袍，无论是被收入博物馆展览，还是在某位女子家中珍藏，都不同程度地代表着旗袍走过的时代，虽然变化多端，却始终离不开原有的模式。以旗袍为主的旗袍文化，更加丰富多彩。从某种意义上说，旗袍也代表着一种精神，或许可以称其为"旗袍精神"。

旗袍的流行，并不偶然。从旗人所穿的袍服，到上下两部分相连的文明装；由方便狩猎而开衩，到今天为了更加适合活动而设计的高开衩，不同的旗袍因为不同时尚女子的需求而改变。但是，万变不离其宗，收腰、纽襻儿，始终是当代旗袍的特色。从宫廷到民间，当旗袍盛行之时，女子们大概不会想到，旗袍文化的盛行、旗袍精神的流传，竟然让旗袍这一服饰经久不衰，且在百年之后得到女子们的无限喜爱。

第一次读《宋氏三姐妹》这本书，并未对书中的女子有太深的印象，多年后写这篇文章时，脑海里却浮现出三姐妹的合影，她们身着旗袍，面色沉静，每个人都有不同的动人之处。我曾无数次地思考这样一个问题：究竟是旗袍赋予女子更加有

曹鸿雁《静夜》

陈霖 《韵意》之一

意义的生命，还是具有完美色彩的人生让旗袍更有特色？即使这个问题不算很难，我却不能立即找出答案。

是啊，究竟是旗袍的魅力，还是人的魅力起了作用呢？

走过民国的岁月，穿过战争的硝烟，旗袍流行的脚步开始放慢，女子与男子一样穿起了长裤，或军装式或工装式，很多女子忍痛割爱，将旗袍珍藏在衣橱里。唯一让她们感到欣慰的是，在阅读与外事活动有关的报纸杂志时，仍然能看到出访的国家领导人的夫人们穿着传统的旗袍，为之赞叹的同时，对旗袍也备加珍爱。

尽管"文革"十年，旗袍与人们渐行渐远，可是，旗袍并未从我们的生活中离开。无数的女子心中始终装着一个梦，一个复古的情结，就是能够穿上旗袍，让国服继续主导时尚，让旗袍精神得以传承。

品读旗袍，就像欣赏一位女子。在华灯初上的街头，有一位身着浅淡图案旗袍的女子，走过车辆川流不息的长街，引无数行人注目。无人能够读懂眼前的女子究竟在想什么，她来自何方，又去往何处？想着的瞬间，车流涌动，只留下一缕回味，在心间流淌。

有时候，我庆幸自己是女人，能够有机会穿上这绣着大朵牡丹的魅力国服，即使不在人头攒动的十字街头绽放，也会在自己的梳妆镜前流连，装点一季的好心情，给自己的生活增添更多的色彩。即使烟花三月不下扬州，也会在小桥流水的静谧之处，凝视穿着旗袍的倒影，感恩父母赐予的生命，珍惜世间所有的相遇。

在 Louis Vuitton（路易斯·威登）曾经举办的一场时装秀上，模特们穿着不同款式的旗袍出场，高挑的身材搭配大红对襟的旗袍，粉面桃腮衬着暗紫色的中式小袄。不管哪一种颜色，不论何种质地，一律立领加纽襻儿，异彩纷呈中，彰显着旗袍无限的魅力。

我不能推断出以旗袍为代表的中国时尚风还能持续多久，但可以肯定的是，走过百年，旗袍，已经成为经典。

旗袍的曲线美，自成一幅画卷，不同的笔触勾勒出莲塘、荷叶，配以淡淡的粉色花团，在夏日里绽放，如同喜爱旗袍的女子，把这一季的经典珍藏。秋风乍起，女子裹上披肩抵御寒凉，那年的梅花，仍然开在心头，就像辗转百年的旗袍，在代代人的心中珍藏。

曹鸿雁《相思》

繁花落尽朝与暮

曾经多次参加结婚庆典。婚礼上，新娘在仪式结束后，大都会换下白色的婚纱，换上大红的旗袍装。面料或丝绸，或织锦，精致的刺绣低调而奢华，完美的剪裁将新娘的纤体包裹，看上去温婉动人。

这样的情景不仅在现代的婚礼上可以见到，即使在民国，如此华丽的场面仍然可以让人回味。那些富家小姐出嫁时的壮观，不只体现在几箱嫁妆上，更是因为新娘的大红旗袍，虽看不到凤冠霞帔，却在旗袍领口处发现了豪华的秘密。那是一款水晶珠链，晶莹剔透的珠子，在大红的旗袍映衬下，火红中透着晶莹，将一对新人串联在一起。

在我的音频小说《候嫁》中，女主人公花红出嫁的那一天，她穿着大红的旗袍，随着轿子的晃动，红红的衣饰在轿子的篷壁上映下了亮丽的色彩。虽然出嫁的路是那么艰辛，但是花红的心里仍然充满了渴盼。当战争爆发，抬轿的轿夫纷纷逃命，

含英语欢花逊过
水润全灵解望听

丙申·杨磊画印

杨磊《遥想》

曹鸿雁《游园》

将新娘花红一个人扔在了郊外。这个身着大红嫁衣的二八女子，并未恐惧地跑回家，而是冲出轿子，勇敢地跑到了镇上——小时候自己曾经到过的婆家。

尽管战乱让花红与新郎兰亭天各一方，可是这个坚强的女子，从穿上大红旗袍的那一天，就认定了自己是王家的媳妇，因而有责任为王家的老人养老送终。这个女子，遵循着传统，侍奉公婆，即使在以后的几十年里，她的生活并不如意，可她仍然真实地活着，认真地对待身边的每一个人。这样的女子，与她身上的旗袍是相配的。

从旗袍诞生的那天起，谁都不曾统计过，究竟有多少女子穿着大红旗袍离开父母，去往前途未卜的夫家，从此后无论幸福还是痛苦，无论开心还是抑郁，都要自己承受。在喜庆的背后，又有多少女子独吞着生活的苦酒。她们忍受着十月怀胎的辛苦、一朝分娩时的痛苦，还要含辛茹苦地付出辛劳抚育子女；她们可能因为夫家的贫穷而要抛头露面地去工作，她们可能因为追求人格的独立而外出打拼；她们可能得到了丈夫的宠爱，也可能受到家人的歧视和打骂。可她们，从来都不会辜负这大红的嫁衣，而是将风光的一刻永远珍藏在心底，因为命运不可预知，而旗袍无错。

无论生活赠予人们的是快乐，抑或忧伤，时光就像一艘船，终究会沿着生命的海岸向前行驶。那些曾经穿过大红嫁衣的女子，随着儿女的成长，她们也在一天天老去。她们也会为女儿穿上红色的旗袍，将孩子们送到自己心爱的人身边。只是，此时非彼时，现代的女子更加独立，过往的一切不愉快也许不会再发生。

于是，我们看到了今天的婚礼上，那些美丽的新娘，洋溢着满脸的幸福，面带微笑，挽着父亲的手，从幕后来到台前，接受亲人们的祝福。婚礼的男女主角，沉浸在喜悦中；参加婚礼的亲朋，则在庆贺之时，一睹新娘的芳容，仿若欣赏了一场时装盛宴。

大红的锦缎旗袍，镶着墨绿色的滚边，仿佛是红花绿叶的搭配；一对红色亮片刺绣的凤凰，从旗袍的两肩延伸到胸前，翩然欲飞。高高的领口，嵌着三颗金色的珍珠，将服饰的奢华与婚礼的豪华恰到好处地融合于一处。袖口处，以一朵不惹人注目的牡丹花表达着对新人的祝福。这款长及脚踝的旗袍，将新娘白皙的皮肤托衬得娇嫩无比，如园中的花仙子般惹人怜爱，尤其那一款三段式的波浪发型，复古而时尚。新娘浅笑间唇角上翘，修长的玉腿在裙摆下移动，伸出的芊芊玉手，即使只是划亮一根火柴，递上一支烟，都让嘉宾感到惬意。此刻，婆家人欣慰，娘家人自豪：如此优雅的女子，只有我家才能调教出来。于是，老爹老娘的眉宇间，微笑漾起，皱纹里，满是盛开的花。

新娘的旗袍虽然没有特别的颜色和款式之分，但是为了迎合喜庆的气氛，女子们都会选择红色的锦缎，加上黄色或者金色的点缀。这大红的嫁衣于是就有了红色与金色相映，红色与金黄色相携的亮丽色彩。再根据个人的喜好选择袖长，可以是长袖的、三分之二袖的、半袖的、无袖的、坎袖的等。袖子长短不同，给人的视觉感受也不同。长袖，遮盖住臂膀，只露出一双玉手；短袖，露出双臂的一部分，没有露出的部分充满了神秘；无袖，将双肩露出，丰满的身材是浑圆的双肩，瘦削的身材则是羸弱的臂膀。领口的设计上，也分圆领、低开领，或是一字领，无论哪一种领口，长长的颈项均占了优势，短颈项则只适合穿低开领或无领的旗袍。而无论哪一款，在绣着凤凰的图案面前，最有风采的仍然是高领。

可以想象，那只翩然欲飞的燕子，落在收腰处，长款、蕾丝绣花，或外罩一层欧根纱，隐隐的绣花辅以美丽的人，哪个新郎不会爱意更生呢？在新婚庆典现场，最吸引人的总是新娘的旗袍装，立体的剪裁，完美而修身，S形的曲线，精美的饰物点缀于身，尤其在喜庆的中国红面前，哪一位嘉宾不喜欢沾染一些喜气呢？

演绎着宫廷风尚的旗袍，因气场强大而展现无穷魅力；那些改良的旗袍，图案对称，右大襟上并排缝上四颗小纽襻儿，在大红衣服的斜襟上搭配一抹浅黄或淡绿，颜色上形成对比。新娘就穿着这样的旗袍，戴一朵大花头饰，握一把折扇，迈着典雅的步子，悠悠然地走来，纤手轻搭腰间，杏眼灵动，顾盼间眼波流转，那张生动的脸，在阳光下更显别致。此时，多美的语言都不能形容出这分优雅。当高跟鞋声远去，人们希望这位新娘能踩过岁月的喧嚣，把宁静带进新的生活。

喜欢旗袍，却在青春将逝的时候才当上新娘的女子，一定

陈霖《叶香》

要选择传统的大红旗袍。经典的红色旗袍，更显稳重成熟，再配以金色的饰品、红色的高跟鞋，戴上妈妈的传家玉镯，这，一定是一道亮丽的风景。旗袍上的刺绣，一针一线都凝结着绣工的辛劳。每一款刺绣的旗袍，都是一件艺术品，不仅可以让新娘更加美丽，也会让旗袍成为一件珍品。纵然价格昂贵，也有其华贵的资本。

曾参加一位女文青的婚礼，在充满文艺范儿的婚礼庆典结束后，女文青换上了旗袍装，款款而来为嘉宾敬酒。她身着大红色的旗袍，胸前绣着一大朵暗红的玫瑰，正是街上花店里出售的玫瑰的颜色，不觉让人眼前一亮。及至近前，方才看清，原来这款旗袍选择的面料不是锦缎也不是丝绸，而是亚麻。

女文青平时喜好亚麻面料的服饰，或长及脚踝的罩衣，或短到膝盖的外套，一律是亚麻质地。此刻，选择亚麻面料的礼服，便不足为怪了。有着文艺情怀的女子，心里是怀旧的，通过衣饰体现，仿佛一股清新之风吹过心头，使人顿觉清爽而亲切。

总有一种女子，本就面若桃花，生得娇嫩，偏又喜好旗袍，在恋爱的季节，收获着爱情，于是，早早地开始筹划自己的嫁衣。

一款长袖旗袍，镶上了金黄色的贴边，将淡淡的金黄色与暗红色的底色拼接在一起，金色富贵，锦缎华美。双色的盘扣独树一帜，暗红卷着金黄，将典雅的美展露。如此装束再配上一双十厘米的红色高跟鞋，戴上红色的耳坠，朱唇轻启间，轻言细语从旗袍里溢出，美艳而温柔。待细长的双臂舒展，一双纤手轻梳一缕发丝，更是风情万种。

她一定是这世上最美的新娘。

一千个女人有一千张如花的笑脸，一千个女人却不止有一千款新婚嫁衣，无论年轻抑或年老，每一个女子都有可能成为最美的那个新娘。无论选择哪一种款式的嫁衣，中国女子都不约而同地保留了时尚的中国旗袍。现代女子不缺买一件旗袍的专款，缺的是穿上旗袍的气质。如何修炼好自己的气质，才是人生的必修课。反之，只会感叹"只缘感君一回顾，使我思君朝与暮。我终生的等候，换不来你刹那的凝眸"。

沉寂了三十年的旗袍，复苏后终于在各种场合派上了用场。它用自己的娇宠，赢得女子们的青睐。那些错过旗袍时光的女子，在自己结婚时没来得及穿上大红的嫁衣，却在子女结婚时身着旗袍，补上了当年的缺憾。

旗袍，对于一个女子来说，是深藏内心的秘密，是冰封过后一份与生俱来的冷艳。旗袍装饰着生命，也装点了人生。有人说：人生有多少无奈就有多少遗憾，有多少遗憾就有多少美丽。那些错过的、那些逝去的，那些如落英般的岁月，昨日重现已不可能。

追忆人生，不如让旗袍打扮人生，须知繁花落尽，唯有一世的美丽，方能告知人们一个女子与这个世界的关联，生命的色彩大抵也是如此。

名伶最爱底蕴深

有一种美深藏于心灵深处，有一种美流露在眉宇之间。通过艺术形象让人们铭记于心的，是那些深受人们喜爱的艺术家。

台上的风采，台下的忧伤，谁人能够读懂？青衣花旦，那些女子们享尽了人前的风光，台下又是怎样的一种情形？这个问题存于心中很久，终于有了答案。

很多女子都对民国时期的人物感兴趣，不仅因为民国时期出现了很多才子佳人，更因为有那些名伶女子。她们外貌秀美，心思细腻，而且都是喜爱旗袍的女子。从人到旗袍，再从旗袍到人，那些才貌兼备的女子，在时光流转之后，留下了无数的故事。

孟小冬，曾经是著名京剧大师余叔岩的弟子，这位后来嫁给杜月笙的女子，小小年纪就成为上海乾坤大剧院的名角。她因为扮相俊美、嗓音洪亮而出名，从艺之路可谓一帆风顺。然而，这样一个女子的感情之路却不够顺畅。她与梅兰芳因戏而

若耶溪傍採蓮女笑隔荷花共人語

陳霖

陈霖《采莲图》

生情，即使梅兰芳已有两房妻子，二人还是结为夫妻。这本是一个美好的开始，然而，如此相爱的两个人还是无法抵抗现实中的重重阻力，最终走向了分手。

那时的她很伤心，看着自己的一些照片，回味着曾经的过往，不觉潸然泪下。少女时代，她一身旗装，看上去很美，瘦削的双肩掩藏不住骨子里的坚韧，稚嫩的妆容却无处不流露着纯真；青春年华的时光里，与恋人的合影，一身旗袍装束让她眉宇间的英气流露出来，与观众们喜爱的那个"冬皇"融为一体。梅兰芳与她，看上去珠联璧合，两人相依相拥时的温暖给了她坚持的勇气，即使没有名分，她依然守着那分纯粹的爱。然而，好景不长，横生的变故让二人渐行渐远。既然爱已不在，她毅然转身；纵然心痛，也绝不回头。

这位女子，不仅在艺术上造诣很深，而且颇有文采。当她的恩师余叔岩去世时，她给恩师的挽联里写道："清方承世业，上苑知名，自从艺术寝衰，耳食孰能传曲韵；弱质感飘零，程门执彗，独惜薪传未了，心丧无以报恩师。"伤心过后的感恩，让世人唏嘘。

豆蔻年华的她，光彩照人，却偏偏选择了老生这一角色，而她的演技，与当时的男老生则有一拼。她与梅兰芳同台出演的《梅龙镇》《四郎探母》《二进宫》《游龙戏凤》等，吸引了无数的戏迷，成为轰动一时的佳话。且不论当年的那场血案是真是假，孟小冬的戏迷对她的倾心却真实而诚挚，即使是名震上海滩的杜月笙对她也难以忘怀。

　　无论是当年日军占领后的北平，还是在上海的租界里，杜月笙始终惦念着这位才艺俱佳的女子。她对京剧艺术的执着追求，让他爱慕；她生活的坎坷，让他怜惜。他给她的信件，言辞恳切；他对她的关爱，让她心里感动。怀着感恩之心，她毅然离开了舞台，来到他的身边。在她与他的合影中，她穿着旗袍，他穿着中式服装，虽然年龄有差距，却仍旧成为一对伉俪。虽然彼时的他已患重病，她仍不离不弃，命运将她推到了他的面前，他承担了责任，她放下了孤傲。婚礼上，她一身面料上乘、式样别致的旗袍，给人们留下了深深的印象。

旷野 《女人花·芳华》

　　她，不仅美在声音，更美在孤傲。她英俊的扮相、苍劲的音色，还有她多年锤炼出的炉火纯青的演技，都让人着迷。时至今日，我仍因没能亲耳聆听到她的唱腔而深感遗憾。

　　命运似乎并不垂青每一个人，当她美丽的旗袍装尚被人们啧啧称赞时，昔日上海滩的大亨却撒手人寰，将她一个人留在了世上。她已四十多岁，青春年华逐渐远去。她一辈子注重一个名分，可是得到这个名分没多久，她却成了孤家寡人。

　　有一张孟小冬年老时的照片，照片上的她仍然穿着旗袍，舍去了少女时的刘海，瓜子脸变得愈发丰满，直鼻小口和有神的眼睛也发生了变化；丝质立领旗袍已换成现代的面料，滚边的领子和前襟也不复存在，只有那修长的脖颈，仍然让人们忆起她与梅兰芳同台演出时的样子。一对京剧名伶，历史上的一段佳话，不知是什么原因让他们的舞台风光不再。眼前只有老年时的孟小冬，穿着旗袍，戴着眼镜，绾起一头秀发，端庄文雅，冬皇的韵致不减。

与影迷友人通电话，提到了著名导演陈凯歌执导的电影《梅兰芳》，不由记起了电影中的一个女子，她穿着红色的碎花旗袍，外貌端庄，举止文雅，性情贤淑。她的唱功也不简单，曾经出演过《桑园会》《武家坡》《二进宫》和《三娘教子》等剧目，也是京剧名伶。后来，她遇见了梅兰芳，经母亲做主，她成了梅家的媳妇。婚后她相夫教子，贤惠持家，与丈夫更是恩爱与共、相敬如宾。这位女子就是梅兰芳大师的夫人福芝芳。

她是一个勤奋的女子，不仅坚持文化课的学习，还向一位医生的夫人学习手工编织，起早贪黑地给全家人织毛衣，更是为丈夫织出了各种颜色的毛衣裤。这样的妻子丈夫怎会不怜爱呢？能够在当红时急流勇退，又能在艰苦的生活中勤俭持家、教育子女，又有多少妻子能做到呢？

梅兰芳不愿意为汉奸演出，她支持他；没有演出，家里的生活就不宽裕，她悄悄地典当了自己的首饰补贴家用。为了躲避汉奸的盘查，她给儿子们改了名字。艰难时刻，她鼓励丈夫，使他拿起了画笔，那些画被喜爱他的观众收藏。那时的她在家里忙来忙去，成为全家人的主心骨。世人都以为风光的梅夫人一定过着富贵女人的生活，可是谁能理解抗战岁月里她的艰辛呢？家家都有一本难念的经，何况名人背后的那个女子。

不管生活多么艰难，这个女子终于与一家人一起熬了过来，虽然甘苦自知，她仍为身边相伴的男人感到欣慰。也许，当她年老的时候，会忆起自己曾经穿着旗袍款的上装，搭配着一条深色的裙子，手里拿着一本书的过去。与子女在一起照的全家福上，她穿着旗袍，看上去朴素文静。有人说，福芝芳是经典的"旺夫相"。而我们所看到的，则是她戴着小帽，在旗袍外穿着皮衣，与一身西装的梅兰芳靠在一起的亲密，所谓郎才女貌，不过如此。

而不抛弃，不放弃，正是福芝芳的理念。

福芝芳爱孩子，她为他们付出了自己的一切，于是，她给世间留下了那张经典的照片——她穿着提花半袖旗袍，黑色的半高跟凉鞋，戴着珍珠耳坠，简洁利落；孩子们依次排开，她抱着最小的孩子，男孩穿着长袍短袄，女孩则穿着相同款式的旗袍，留着齐耳的短发，安静地坐着，惹人怜爱。男孩女孩的小手都规规矩矩地放在该放的位置，男孩放在腿两侧，女孩放在膝盖前。一直想知道，是什么样的母亲给予了幼小的孩子如此好的教养？

提到梅夫人福芝芳，不能不提及梅大师的原配夫人王明华。那时他们正年轻，她与他形影不离。她身材瘦削，旗袍穿在她的身上有些空荡，让人联想起她病弱的躯体。孩子夭折，让她

曹鸿雁 《恬静》

的内心脆弱，拖着病体离开家门，却客死异乡。

世人最怕英年早逝，给亲人留下遗憾。那个清瘦的、穿着旗袍披着长围巾的女子永远定格在生命的画框里；那个喜欢装扮自己，经常去瑞蚨祥、谦祥益选购衣料的女子，那个细瘦的身姿外裹着旗袍的女子，那个衣服鞋子和配饰搭配得极其好看的女子，就这样与家人阴阳两相隔。

旗袍是一种服装，也是装点女人的一个门面。旗袍既是女子的传统服饰，也是女子沧桑岁月的见证。沧海桑田，旗袍陪伴着不同的女子走过不同的人生；日月轮回，万物生长，旗袍与女人，组成了这个世界上一个个动人、传统、有韵味，也令人感伤的影像。无论如何，我们都应该珍惜相遇时的那分缘。

万人倾慕终生述

　　一座花园里，两人在对戏，一人穿着长衫，羽扇纶巾，风流倜傥；另一人穿着旗袍，端坐在椅子上，一把精致的折扇遮住了脸颊。

　　这是民国时的一张照片，照片上的两位名媛，一位是陆小曼，另一位是唐瑛。陆小曼的名字人们耳熟能详，唐瑛的名字却有很多人不够熟悉。不过，如果时光回到几十年前，你一定不会对唐瑛的名字感到陌生。那时，这个曼妙的女子与陆小曼，有着"南唐北陆"的称号。不仅因为出身名门，也不只因为外貌的高雅，更因其生活情趣的别致，她们对服装的特殊演绎，给人们留下了极其深刻的印象。

　　世间女子，无不希望自己有才又有貌，还有多余的银子打扮自己，尽管这是个发自心底的美好愿望，却不一定有几人能实现。家里经济条件好，能够穿金戴银的大小姐，可能外貌丑陋，或者缺乏修养，任性又不乖巧，难以得到意中人的爱恋；

旷野《女人花·青花记忆》之二

才貌兼具的女子，却可能因生活困顿，当好小家碧玉已不容易。如果是懂英文，有家教，身材好，又有条件装扮自己的女子，也许会引领一个时代的潮流，而唐瑛正是这样的女子。

今天的很多孩子都希望有个好父亲，能够缩短奋斗的时间，但有个好父亲，也需要自己去奋斗，这一点其实很重要。

唐瑛有个当西医的父亲，因为医术精湛，与上层社会多有交往，但更重要的，是她本人独具的才华与社交能力。要知道，上流社会从来不缺"花瓶"和富家千金，唐瑛能够在社交圈里风光无限，归根结底，还是因为才貌双全。

人们在回忆昔日时光的时候，眼前常会浮现出她穿着旗袍的苗条身影，尤其是那件旗袍，滚边，绣着的蝴蝶翩翩欲飞；扣襻精致，且有红宝石点缀其间。精致的服装，配以精致的首饰，加上甜美的嗓音，这样的唐瑛让女子们羡慕，男子们爱慕。据说，她非常注重外表，每次出门前都要精心地打扮自己，即使在家里，每天也要换三次衣服，旗袍和西式服装都会轮流着穿，居家或者外出应酬穿旗袍，在家里待客则穿着西式服装。这样的着装风格，不仅保留了传统，也体现了对客人的尊重。今天的女子，还有几人能够做到呢？

如果单纯地追求服饰的美，也就罢了，更值得一提的是她的艺术造诣。她与陆小曼联袂出演过昆剧《叫画》和《拾画》，还与文化界的一些名人一起演出了英文版的京剧《王宝钏》，当时在国内引起强烈反响。很多类似今天的艺术节的活动，都会邀请唐瑛去当颁奖嘉宾，她为自己赢得了名副其实的名媛头衔。她不顾丈夫的反对，聘请老师教儿子学画，如此才有了后来名震世界的舞美大师。

今天的男子们娶妻的标准已不限于小家碧玉型，随着女子社会地位的提高，上得厅堂下得厨房，已成为男子对未来妻子的不二选择。在几十年前的那个时代，唐瑛有私人的服装制作师，那些不同款式不同面料的旗袍，让她穿出了风采，为本已活泼可爱的她赢得了更多的注目礼。而当她年老的时候，仍焕发着昔日的风采。她还会为自己的孙辈们制作他们喜欢的糕点，尽享天伦之乐，与先前的名媛形成了鲜明的对比。

用今天的语言来形容两个要好的女子，"闺蜜"这个词非常恰当。唐瑛和陆小曼就是民国时的一对好闺蜜。写到了唐瑛，怎么能不给陆小曼写上几笔呢。

陆小曼这个具有名媛范儿的女子，因为出身的缘故，曾经接受过最好的教育，不仅具有语言天赋，还兼有艺术特长。绘画和弹琴都是她的强项，名师出高徒，不能不感谢刘海粟等大师对她的指导。

她是才思敏捷的女子，又有着清丽的外貌、良好的家世。她穿着旗袍的样子，让她身边的女子都大加赞扬。而她的这些闺蜜绝非普通人家的女子，不是民国要员的女儿，就是来自英国的尊贵小姐，所以，她能成为当时的社交明星一点也不奇怪。

她的第一任丈夫王庚，毕业于清华学园和西点军校，与美国将军艾森豪威尔是同学，不仅学养丰富，更是少有的文武全才。

当陆小曼与王庚结婚时，他们的婚礼轰动了全城。然而，王庚虽然是民国第一帅哥，却因为工作的忙碌不能随时陪伴在陆小曼身边。当这个精通书画与音律的女子遇到新月诗人徐志摩时，二人顿时擦出爱情的火花。

陆小曼与徐志摩，一个想冲出婚姻的藩篱，一个想投入爱人的怀抱。可她毕竟是有丈夫的人，怎么能再去爱别人呢？那时的她，穿着艳丽的旗袍，坐在房中沉思，不巧这心事已被丈夫窥破。

王庚是何等胸襟的男子，虽然万般不舍，却毅然与陆小曼离婚。

不久，陆小曼如愿嫁给了徐志摩。在文人雅士悉数到场的婚礼上，陆小曼的旗袍装再次引起了时尚女子的关注。

在这两段婚姻中，最让人佩服的是王庚。他像托付自己出嫁的妹妹一般，对徐志摩说："我们大家都是知识分子，我纵和小曼离了婚，内心并没有什么成见。可是你此后对她务必始终如一，如果你三心二意，给我知道，我定会以激烈手段相对的。"

有这样的前夫给自己撑着婚姻的另一片天，陆小曼是多么的幸运！不管她与徐志摩的日子过得是否如意，王庚的气度即便在当代，仍然没有几人可比。只可惜，他在赴国外访问的路途中病逝于异域，无法再接续一段关于他的故事。

陆小曼与徐志摩的结合，外表看很般配。他穿着长衫，她

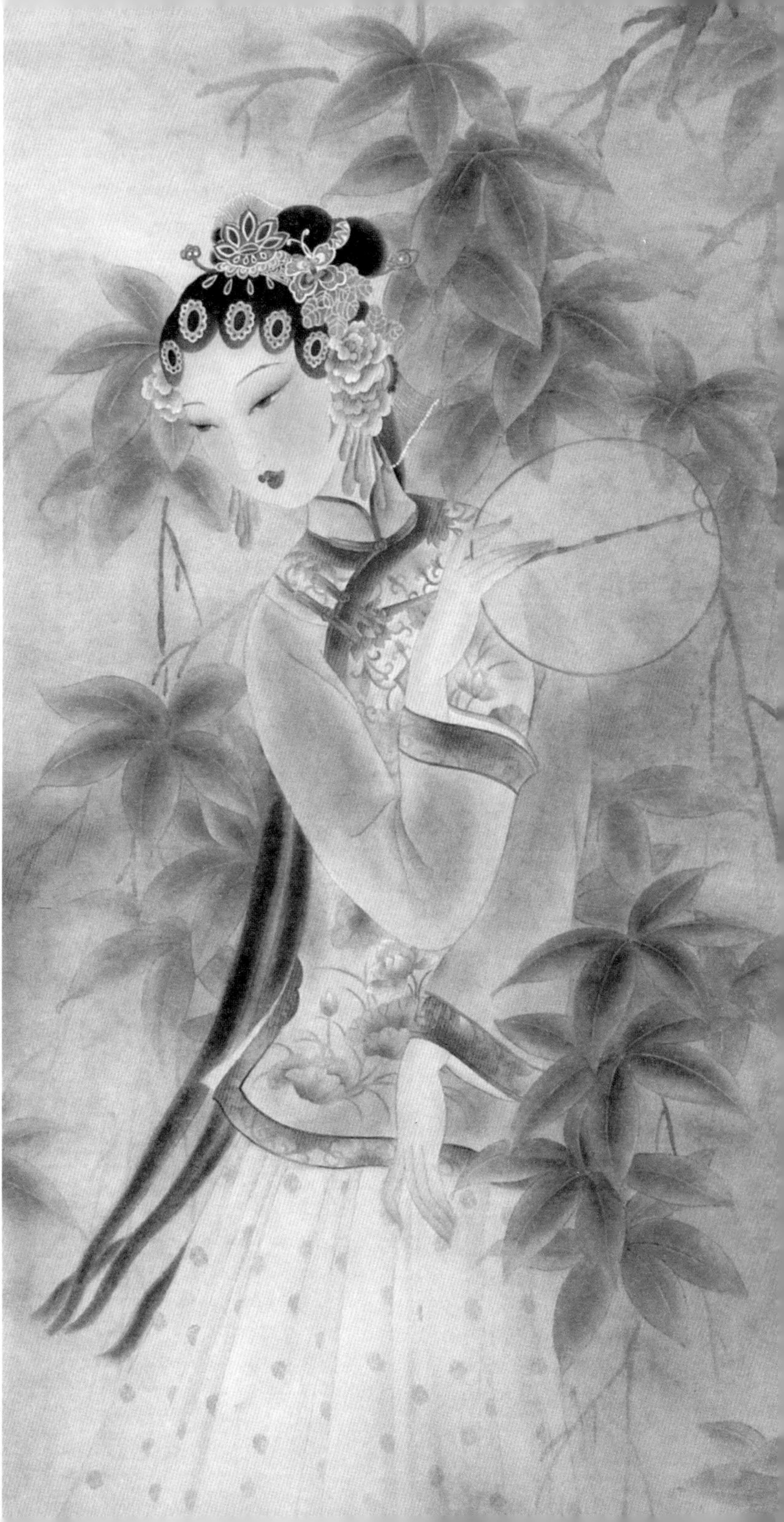

陈霖《韵意》之二

杨磊　《绿野寻芳》

身着旗袍，两人不是流连于花前月下，就是在田间徘徊，呼吸着乡野的清风。她棉质的旗袍外搭配着毛披肩，给人一种质朴的感觉，无论如何，也不会跟那个传说中最奢华的女子联系起来。

他出事的前一天，据说她发脾气打坏了他的眼镜，可是就在她余怒未消的时候，却传来他乘坐的飞机失事的消息。她后悔、自责，她想跟他检讨自己，可是他已听不到。从此后，那个曾经喜欢喧嚣的女子，躲在房间里不再见人，虽然她已知错，可他却再也回不来了。

同为将旗袍穿出风韵的女子，两个女子却有不同的命运。

唐瑛的人生圆满，儿孙满堂，过着无忧无虑的生活；陆小曼虽然实现了自己的爱情理想，却不得始终。

每个人都守护着自己的幸福，幸福的方式有很多种，每个人的感受也不尽相同。才子佳人的理想婚姻并不总像看上去那般美好，相爱容易相处难，那些曾经的风花雪月，诗情画意终究难敌岁月的磨砺。而人生浮沉，走入婚姻的两个人如何能预料得到呢？

与陆小曼相比，徐志摩的前妻张幼仪则活得更加精彩。虽然她不符合徐志摩理想的妻子形象，却为他生了孩子。与一般的女子不同，离婚后的她，并没有像一般的家庭妇女一样找他的麻烦。没要求他抚养孩子，也没在人前人后说一句他的缺点。

在异国他乡，她挺过了艰难的岁月。在那个西式的国度里，她穿着镶边的旗袍来往于陌生的街道，在遥远的国度里如饥似渴地学习，为自己充电，终于成为后来的职业经理人。

张幼仪在哥哥的帮助下，担任了银行的总裁，在金融界大展身手。那时的女子，能胜任此职位的可谓寥寥无几。即使在今天，女银行行长也屈指可数。然而，她并不满足于银行的业绩，又投资成立了打造高端服饰的服装公司，在为社会名流提供衣饰服务的同时，她的人生也像橱窗里的旗袍一样，铺展开华丽的一章。

发展事业的同时，她以一个女子柔弱的双肩担起了家庭的重担。她不仅独自抚育儿子，还赡养着他的家人。世间哪一位女子能在被丈夫抛弃后，竟然不咎过往，一如从前地善待那位负心人的亲人呢？张幼仪做到了。这个身着旗袍，并为唐瑛与陆小曼等名媛提供华服的女子，可谓外貌与内心都追求唯美的奇女子。

宽容他人，才能赢来友情；善待自己，才能战胜内心的浮躁。人生的境界，与宽容的境界有关。宽容，不仅是一种善良的表现，也是一个人的素养。无论遇到什么不开心的事，无论遇到多么不堪忍受的人，先去寻找一个让自己原谅对方的理由，这个理由就是宽容。宽容不只是给对方一个机会，也是给自己一片天，张幼仪就是一个很好的例子。

走过岁月，心境愈发淡然，更有一种淡定的从容。所谓幸福，正是一种内心对岁月的感知，感知的程度不同，幸福的幅度也不同。真正的旗袍女子，不仅美在外表，内心也更充实。因为生命之花终究会凋谢，给自己一个幸福的理由，无论花开花落，聚散之间，总有一丝馨香留在心间。

往事如风待花开

依稀往事如梦般不时在眼前浮现。不管那天的景物是否能让见过她的那些人留下些许的记忆，但是那段相思与情缘，却令人难忘。无论回忆里是否有等待的玫瑰，无论那一季的鲜花究竟为谁绽放，这一切都已不再重要，唯有梦中的旗袍女子，最是让人念念不忘。

她有着傲人的身材，更有着粉面桃腮的妆容，斜倚小桥边，粉色旗袍为她增添了几分亮色。旗袍下的镶边，带有提花的图案，丝质的面料在阳光下闪着光，一条丝巾长及腰间，使她摇曳多姿，虽安静，却映衬出复杂的内心。风光之下的她，虽不曾迷失老上海的一缕风情，却也忧思满怀，几分清愁几许无奈，似缤纷落下的花瓣，散落一地。风起，花舞，如她的命运，起伏不定。

她——就是胡蝶，那个原来名叫瑞华的女子。

胡蝶在十六岁那一年，进入中国第一所电影演员培训学校学习，此后便走上了演艺之路。勤恳的工作态度让她在演艺这条路上顺利前行，她的小酒窝儿可爱得让无数男子痴迷。当我查阅胡蝶参演电影的资料时，一连串的电影名字让我惊讶。她出演过无声影片，更是中国有声电影的第一人。横跨于无声与有声之间，胡蝶的电影不仅在国内引起轰动，同样也引起海外热爱电影人士的关注。

在《大侠复仇记》《女侦探离婚》《血泪黄花》《火烧红莲寺》《桃花湖》《碎琴楼》《歌女红牡丹》《落霞孤鹜》《战地历险记》《自由之花》《啼笑因缘》《满江红》《美人心》《空谷兰》《夜来香》《劫后桃花》《孔雀东南飞》《春之梦》等近百部影片中，她扮演过母亲、教师等各种角色，无论是演绎富贵人家的女子还是穷苦的劳动人民，她都能倾尽全力诠释角色，精湛的演技赢得观众的赞誉，成为与阮玲玉同时期的电影皇后。

她当红的时候正是旗袍的鼎盛时期，不管是贵重的华服，还是朴素的布衣，穿在她的身上，总是带给人们一种清新的感觉。她的穿戴打扮，在当时始终处在时尚的前沿。那些她戴过的首饰，让许多女子纷纷模仿；她的旗袍款式，一直是女子的最爱。就像如今明星的时尚造型常成为女子们争相模仿的对象，服装店里也会出售所谓的"明星同款"。估计当时也会有类似的情况，也会有女子模仿胡蝶的穿衣风格，找裁缝定制"胡蝶同款"的旗袍。可是，她们不知道，即使模仿了胡蝶的衣饰，也模仿不去她的神韵。

张恨水曾经用《红楼梦》中的人物称赞她："为人落落大

方，一洗女儿之态。性格深沉机警爽利，如与红楼人物相比拟，则十之五六若宝钗，十之二三若袭人，十之一二若晴雯。"张先生是想用一种最适合的语言来形容她，可是却没找到那么恰当的语句，也只好用不同的人物进行比拟，这三人在《红楼梦》一书中，都是那么美丽温婉的女子，是被许多读者爱着的人间尤物。这位文学大师以如此浓重的笔触赞扬一位演员，可见胡蝶当时的社会名望之高，非寻常人可比，没有一定的演技和好人缘，怎能得到大师的如此赞誉。

女子最美不过出嫁时，胡蝶的几段情爱故事里，都离不开旗袍。

这位中原移民的后裔，穿着旗袍出嫁，盛大豪华的婚礼，让同是演员的夫妇二人受到当时媒体的热捧。可是，相爱的时光总是短暂的。丈夫投身商界，生意失败，两个人的感情也出现了危机，昔日的恋人，最终各奔东西。商人潘有声的出现让胡蝶受伤的心重新被温暖，二人经历六年的爱情长跑终于结成连理。婚礼上，胡蝶仍然穿着旗袍款的婚纱，头上的装饰也很别致，手里的鲜花开得正盛，一如新娘娇媚的脸。新郎穿着西装，戴着白手套，梳着中分发型，浓眉剑目，看上去精明强干。男子帅气，女子秀丽，两人依偎在一起的样子，让众人赞叹。

她的魅力令男子无法抵挡，即使是军统的头目戴笠也被她吸引，想要得到她，尽管她已经嫁人生子。那时的胡蝶虽然拒绝了日方拍摄电影的邀请，却因家中财物丢失，没能躲过戴笠的纠缠。都说戴笠凶残，但在影后面前，他也充满了柔情。为

陈霖 《一帘幽梦》

博胡蝶的欢心，戴笠不惜代价帮她购置了很多首饰，她充满了感激。如果不是发生了意外，这个生活于战乱中的女子，也许仍会穿着华贵的旗袍与他走进结婚殿堂。只是人算不如天算，历经艰辛，辗转数月，她终于回到了丈夫身边，于是有了后来的胡蝶牌暖水瓶。

这位有着"亚洲影后"之称的女子，一生钟爱旗袍。当年华已逝，生命的蜡烛燃尽，她安然逝于加拿大温哥华。与阮玲玉不同，面对情伤，她选择坚强地活了下去，让生命在银幕上大放光彩。那位穿着一身旗袍，绾起秀发，端坐在车上的女子，她的身影与我们相距越来越远……

评剧《花为媒》里的张五可，是我观赏过的剧目里比较喜欢的一个人物。新凤霞与赵丽蓉饰演的阮妈演出的一曲《对花名》，即使今天忆起，仍能哼唱出其中的音调，虽然两人都已离开了这个世界，但是她们的艺术形象仍然让无数观众赞不绝口。

《花为媒》中追求婚姻自由的五可，上着旗袍款的夹袄，下着长裙，头上的发饰在唱念之间晃动，将那个年代的故事与观众分享。艺术上的灵气和美丽的外貌，让扮演张五可的新凤霞成为评剧界最有观众缘的演员。而她与戏剧名家吴祖光的恋情，更是为世人称道。

一个是当年的戏剧神童，一个是舞台上的美丽女子，他的作品深深感染了她；她的声音让他迷恋。对艺术的共同追求，让他们走进了婚姻的殿堂。他从香港来，西装革履，自是一番洋派的举止，鸡尾酒和自助餐，别样的婚礼，即使在今天也是时尚之举。而她，原本要穿婚纱，却又改变了主意。婚礼上，展现在亲朋面前的她身着紫色旗袍、灰色背心，配上一双黑色半高跟鞋，这样的她看上去更加亭亭玉立，正是他最美的新娘。

后来，新凤霞因身体衰弱不再登台演出。作为齐白石老人的爱徒，她在丈夫的鼓励下开始了绘画与写作的生涯。她的画作，犹如刮着淡淡的乡野之风，几千幅花鸟画各有千秋；她的文章，文风质朴，让读者领略了一个艺术家的从艺之路。虽然被病痛折磨了二十年，她仍然笔耕不辍，创作了《新凤霞卖艺记》《我和皇帝溥仪》《评剧皇后与作家丈夫》《舞台上下》等二十九部作品。她曾经不识字，但在剧作家丈夫的帮助下，她创作出了几百万字的作品，堪称奇迹。

从走进婚姻的那一刻起，吴祖光始终遵循着对新凤霞一生负责的诺言，夫妻相濡以沫，共度风雨人生，从年轻时代，到耄耋之年，倾心相许一生，执手相携一世。

静待花开花落，收获人生的快乐，正是旗袍女子留给人们的启示。

那些穿着旗袍与爱人花前月下的女子，不仅将一颦一笑留在了记忆的深处，也将纷繁的人生故事留在了过往的岁月。无论是电影皇后，还是戏曲舞台上的名家，旗袍对于她们来说，都体现着一种唯美的表达，她们的生活受到人们的追崇，她们的事业与大众的喜好息息相关。因为扮演了不同时代穿着旗袍的女子，以致现实生活中受到追星族宠爱的，仍然是穿着旗袍、浑身散发灵动气息的女子。

电视剧《倾城之恋》的热播，让我们认识了一个传奇女子白流苏，更记住了穿着不同款式旗袍的女子陈数。于是，影视剧中只要有陈数的戏份儿，我都会关注，即使正在忙碌，也要一睹佳人的旗袍风采。

陈数外貌清丽，身材完美，穿上旗袍极有韵致。她所饰演的白流苏，在海内外观众的心里无可替代。精致的造型，加上对人物内心的演绎，让她赢得了观众的喜爱。电视剧刚一播出，"张迷"们便开始热捧，一部《倾城之恋》，让陈数成为让人回味的旗袍女王。

后来，陈数在其他影视剧中又塑造了多个穿旗袍女子的形象。《日出》中的陈白露，《新上海滩》中的方艳芸，虽然地位卑微，却以极强的生命力周旋于旧上海那个花花世界。她的沉郁与忧伤，她的典雅与喜怒，都演绎在她的戏里。一个个人物形象个性鲜明，一件件旗袍华美无瑕，台词与声音的巧妙结合，成就了她出演的一个个完美的角色。

旗袍穿在不同的人身上，会体现出不同的美。无论明星还是平凡女子，穿上旗袍，心里总有一种自信。从十里洋场的灯红酒绿，到寂静小巷里的斑驳落痕，旗袍女子散发着神秘的韵味，因为风情万种而迷人；因为灵动感性而交相辉映；因为内涵深刻而从容大度。穿一件旗袍，在摇曳多姿的午后，闲看一池的睡莲，旖旎之时，尽是香风袭人。

旷野《女人花·夏日的烦恼》

袍韵生香

诗韵人生写丹青

　　要好的一位姐姐要去大洋彼岸，半年才能归来。在鸿咖啡厅，我们相识十年的好姐妹一起聚会，借着咖啡厅里暖色的灯光，我发现，我们三人都已不如从前那样疯魔，多了几分沉稳，多了几分安静，就像穿着旗袍的女子，不会做运动健将赛跑的姿势，亦不会穿着旗袍去登山望远。坐在这里，看着眼前愈发精致的两位姐妹，不由忆起那些过往岁月里她们穿过的剪裁合体的旗袍。

　　如果用"碧水筑灵魂，平淡见心情"来形容穿着旗袍的那种美，我认为一点也不为过。好友慕容曾经写过这样的文字："对待友情如同织毛衣，只要有一根绵长的线，只要有一分平心静气的心情，只要有兴致不懈地织着，就有一分美丽在等着你……"于是，生活的这幅画和友情的这幅作品在慕容笔下栩栩如生地展现在我们面前。就像她的旗袍，无论花色还是面料，都能通过剪裁恰到好处地展现出来。

旗袍的花色有很多种，常见的图案为青花瓷，白底蓝色的花，白得洁净，蓝得深沉。就像歌曲《青花瓷》中唱的：

素胚勾勒出青花笔锋浓转淡

瓶身描绘的牡丹一如你初妆

冉冉檀香透过窗

心事我了然

宣纸上走笔至此搁一半

釉色渲染仕女图韵味被私藏

而你嫣然的一笑如含苞待放

你的美一缕飘散

去到我去不了的地方

天青色等烟雨

而我在等你

……

"天青色等烟雨，而我在等你"不仅唱出了青花瓷的意境，也唱出了女子们的心意；不仅有江南的烟雨迷蒙，还有穿着青花瓷图案旗袍的女子，似乎打着一把雨伞，站在小溪边，静静地听着流水的声音；又似弹着古琴，倾诉柔肠之曲，把一种意境赠予欣赏她的那个人。

不得不佩服方文山的文采，不仅将青花瓷这个古典的物件勾勒，还为其写出优美的词，再经周杰伦谱曲演唱，倾倒无数人。

陈霖《韵意》之三

喜欢青花瓷，更喜欢水墨画。旗袍上的水墨画，是穿在身上的艺术品。水墨画一般在宣纸上进行画作，如果将其织于布料中，并用于旗袍，别有韵致。不同色彩的渲染，浓淡相宜的艺术效果，让水墨画成为旗袍中的一朵奇葩。墨即是色，在布料上作画，用缤纷的色彩装点旗袍，无论是唐宋的山水，还是现代的花鸟，水韵墨章的效果皆在几尺布料上显现，水乳交融与酣畅淋漓的艺术，在视觉上增加了美感，所谓气韵生动，不仅唯美，且有境界，超越了宣纸的意境。

穿在身上的一幅画，不管走到哪里，皆为女子增色。流动的画，有韵律的美，山水与花鸟，都令人赏心悦目。梅的风骨，荷的风姿，兰的清香，菊的奔放，都在一笔一画间刮起中国风，尤其水墨晕染的布料，更是如云雾般蒸腾，在雾色里，在变幻中，愈加蒙上一层神秘的色彩。

除了色彩，不同的工艺也是构成旗袍之美的重要环节。旗袍的镶边选择与旗袍主体不同的颜色，增加了美感；滚边的旗袍富有创意，更加精致；绣花的旗袍，更加细腻；贴花的旗袍，花与衣融为一体，增加了旗袍的动感。只是可惜，最有名的如意头已经失传，即使是精于旗袍制作的老裁缝也不能做出如意头的花式，这世间又少了一种欣赏美的机会。

旗袍的面料以锦缎、丝绸为主，再辅以棉布与亚麻。旗袍的图案能将面料的特点凸显出来，最传统的图案就是花朵。异彩纷呈处，牡丹花的富贵，玫瑰花的爱恋，蜡梅花的坚韧，都体现在旗袍的面料上，为穿旗袍的女子解密着花语。尤其手绘的山水，晕染的写意，将东方女子的优雅与含蓄表现得淋漓尽致。丝绒面料尊贵、温暖，适合年龄稍长的女子，陡增稳重成熟之感。棉布与亚麻虽看上去不够华贵，却朴素有加，面料的透气性很好，而且经济实用，让习惯了做大家闺秀的女子一享小家碧玉的温润。

如果说面料与花色是旗袍的根基，剪裁与制作则是旗袍的门面。合体的剪裁，不仅要求旗袍的前后片要适合身材，侧面更要注重收腰的效果，将腰身的曲线突出，使穿旗袍的女子看上去身材修长，妩媚耐看。

旗袍是女人心中的一个梦。旗袍的开襟正是这梦中撩人心弦的一幕。穿上如意襟的旗袍，好像自己的梦想就会早日实现；穿上琵琶襟的旗袍，无形中多了些艺术气息；穿上斜襟的旗袍，美感顿时升华；穿上双襟的旗袍，肩部的浑圆曲线不经意间显露出来……不管是哪一种开襟，皆是既保留了旗袍的流畅感，又使身材变得更加丰满，在不经意之间流露着优雅的气质：细腻处，清丽可人；唯美处，婉约精致；典雅处，光彩照人。如此的梦幻，唯愿置身其中，体验身临其境的感受。

虽说环肥燕瘦各有千秋，但在如今这个以瘦为美的年代，谁不想有着曼妙的腰身、玲珑的曲线呢？万紫千红中最鲜艳的一朵花，经常引人注目；华美家族中最珍贵的那朵牡丹，一定让人们喜爱。正如女子凹凸的曲线，在旗袍的包裹之下更显风韵，东方女子的圆润精致以及低调的奢华，在不经意间显现。

杨磊《晚风》

"归来池苑皆依旧，太液芙蓉未央柳。芙蓉如面柳如眉，对此如何不泪垂。"不仅身形如芊芊杨柳的女子可以穿出旗袍的风采，即使腰身丰满，穿上旗袍也可以遮住缺点。旗袍的盘扣、领口及袖口或者开衩都有很多装饰，巧妙地转移了人们对女子体形的关注焦点，但是形体的胖瘦一定要适度。太丰满，则穿不出杨柳的风姿；太羸弱，则显得弱不禁风，没有风骨之貌。唯有身材适中，胖瘦适宜，妆容精致，富有成熟美感的女子，最能穿出旗袍的精妙之美。旗袍可以让本不自信的女子变得坚定，为了一个美好的目标改变自己，回馈生活的厚爱。

喜欢旗袍，也喜欢穿着旗袍的美丽女子。长款旗袍，让她们穿出了动感，随着身体的律动，如水的波动一般，从内到外都洋溢着美感；短款旗袍，则有干练之美，如夏夜的清风，给人一丝凉爽的感觉。旗袍无论长短，自有一种风情，长则高开衩，短则低开衩；美腿玉足，都在开衩的若隐若现中，性感灵动，有东方女子的绰约风采，有传统与现代女人的智慧和灵气，这种韵致用文字是描绘不出来的，唯有身临其境才能感受。

旗袍女子自有其风采与神韵，毛彦文即是其中一位。这位金陵女子大学的高材生，本来钟情于自己的表兄朱君毅，对方却以近亲为由解除了婚约；多情才子吴宓为了追求毛彦文，与自己的妻子陈心一离婚，却遭到了毛彦文的拒绝，始终没能将爱恋进行到底。才女毛彦文最终嫁给了前北洋政府总理熊希龄。在她与熊希龄的一张合影里，满头白发的熊希龄穿着长袍马褂，毛彦文穿着长款短袖旗袍，自有大家女子的风范。

去商场买衣服，很多女子都有被营业员冷落的经历。不是营业员嫌贫爱富，以为来的女子买不起那件昂贵的衣衫，实在是因为那件衣衫不适合眼前人穿着。衣服因人而异，或者说衣服挑人，很有道理。旗袍即如此。

一件美丽的旗袍与有气质的人一样，沉稳而有内涵。都说旗袍很怪，其实怪就怪在旗袍选择的一定是身材高挑的女子，只有举止优雅、落落大方，才能穿出魅力。如果长相粗劣，体态不佳，尽量不要穿旗袍。旗袍虽然不嫌贫爱富，却有美丑之分。

旗袍的美，有如朝露的清澈，也如深夜的静谧，展现着平和的静态之美；又在立体的空间里，在对水墨盛景的欣赏中，引领我们梦幻般地走过白山、绿水、蓝夜，去感受旗袍的灵动之美。当回味岁月里飘荡的那些生命的花絮时，对人生的感受，就点缀在优美的服饰里，把琴心的文雅、音乐的缅想、雪夜的联想融入生命，体验浪漫之美和梦幻之美。在"有一种爱是忧伤"的心境里，去律动灵魂的舞蹈；在梦的幻影支离破碎的时刻，静静地品味爱情下午茶那淡淡的味道。

于是，我把旗袍当成一首永远读不够的诗，一本永远读不完的书。

曹鸿雁《初春》

款款纽襻儿展奇葩

　　喜欢纽襻儿，不仅因为纽襻儿的装饰效果极美，而且因为纽襻儿本身即是精美的艺术品，在精致的纽襻儿背后，是一双双灵巧的手所付出的劳动。曾在微信朋友圈里发过母亲编结的小纽襻儿，后被两家媒体约稿，于是就写了一篇有关纽襻儿的文章，分别发表在报纸和杂志上，在感谢编辑慧眼识文的同时，也感恩母亲的馈赠，更加怀恋那些盘纽襻儿时光。

　　母亲心灵手巧，喜欢亲手制作服装，得体的剪裁，精湛的技艺，让我引以为豪。最喜欢母亲编结的三头纽襻儿，扣头是一个圆形实心纽襻儿，扣眼是两个实心的纽襻儿中间加一个镂空的空心圆，使得一个纽襻儿由三个既独立而又统一的部分组成。如此纽襻儿，因与众不同而被我视为珍宝。即使看过各种类型的纽襻儿，我觉得都无法与母亲编结的纽襻儿相比。

　　少女时的一个生日，母亲带着我去商场，要为我买件新衣。可是店里的衣服上的图案我都不喜欢，母亲仿佛了解了我的心思，买回了白底带天蓝色圆点儿的布料，经过一番剪裁，利用一个晚上为我缝制了一件镶有蕾丝边的娃娃服，衣领上还用同色布条编结了一个小蝴蝶的纽襻儿。早晨，刚一醒来，母亲即让我试新衣。我高兴地穿上新衣，跳跃着去上学，两根长长的辫子在身后欢快地蹦着，如我的心情一样愉悦。

我是多么喜欢衣服上的小蝴蝶纽襻儿啊！欢喜过后，我一直想知道，母亲如何神奇地将布料变成了蝴蝶，又让它在我的衣服领子上翩翩欲飞。未及与母亲探讨纽襻儿的问题，母亲又利用工作的间隙，为全家人缝制了不同厚度的棉衣。刚入冬，一家人就可以穿上自制的棉衣，时尚味十足；大寒之后，外出则在棉衣之外加一件大衣，又是一道风景。而风景的重点在棉衣的纽襻儿上，同色系的纽襻儿，与立领棉衣搭配协调，煞是好看。因为喜欢这些手工棉衣，总想帮母亲做点什么。于是，每当换季时，我会主动帮母亲拆棉衣，尤其愿意将母亲一针一线精心缝上去的纽襻儿拆下来，用彩线串在一起，洗好后再晾晒。

学校放假后，我曾趁着母亲白天外出上班，试着完成母亲做了一半的棉衣。第一次尝试，彻底失败。中式棉衣都是立领，衣服领子考验裁缝的手工，纽襻儿则代表裁缝的手艺是否精致，我缝制的衣服领子却立不起来。母亲下班后看到，不仅没责备我，反而手把手地教我重新做。纽襻儿是母亲早就编结好的，我只需要按照原样缝上去就好。于是，各种形状的纽襻儿在衣服上排成了队列，形成了一道风景。

杨磊《无题》

我曾试图跟母亲学习编结纽襻儿，母亲很耐心地教了我好久，却一直没能成功。我总是把编结纽襻儿想象得过于简单，拿起布条就想编，母亲说那样不可以。编结纽襻儿要经过几个步骤，最重要的是将结纽襻儿用的布条先折起来，再一针针地缝上，缝出需要的长度和厚度，才能开始下一个步骤。母亲用这些做好的材料进入编结环节，我开始眼花缭乱，总是结不出那些小疙瘩。

　　商场里的中式服装也有纽襻儿，但只结出一个头，母亲做的三个头纽襻儿我是万万学不来的。母亲虽然鼓励我，但看到我学不会又不耐烦的样子，还是对我说："有些东西不是一朝一夕就能学会的，你能学到妈妈这样，也许会用一辈子的时间。"随着年龄的增长，我体会了母亲这些话的含义，有些事，真的需要一辈子的时间才能做好。只是，我对至今也没学会结纽襻儿这件事，遗憾了好久。

　　母亲曾经说过：趁着妈眼睛没花，多给你做几件棉衣。那些年，母亲每年都会给我做一件带纽襻儿的新棉衣，母亲知道我喜欢纽襻儿，总是说我心灵手不巧，动手能力差，没有遗传她的基因。每次回家，我都会缠着母亲教我编纽襻儿，可是总不能如愿。

　　有时，我会看着那些纽襻儿发呆。那些端庄的小纽襻儿，蝴蝶形的，像夏天原野上翩飞的蝴蝶；琵琶形的，如古画上仕女怀抱的琵琶；芭蕉形的，活脱脱就是一扇芭蕉叶子；凤凰形的，总有一种喜庆的韵味洋溢；菊花形的，两团菊花紧紧地簇拥着；

花篮形的，像黛玉葬花用的篮子；球形的，圆圆的，有团圆之意；蜜蜂和蜻蜓的形状也会成为盘扣的一种，貌似扑棱着翅膀振动欲飞的样子。即使是最简单的一字形纽襻儿，也有多种颜色，搭配高领或低开领的旗袍，各有风韵。

很难想象，没有纽襻儿的旗袍会是什么样子。如果一件华贵的旗袍，缺少了纽襻儿的点缀，这件旗袍无论穿在多么华贵的女子身上，注定要少却很多风采。始终以为，旗袍的美，不仅美在剪裁，更美在纽襻儿。纽襻儿，不仅起到固定衣服前后襟的作用，还起到了装饰作用，让衣服看上去更加美观。纽襻儿的美，清新与淡雅相融，自然与人文结合，构成了一种服饰文化，将欲说还休的美瞬间表达出来。于是，我佩服那些能工巧匠，纽襻儿的精巧里凝结着他们的付出，他们呈现给世人的是精美的艺术。

作为一种艺术品，纽襻儿堪称非物质文化遗产中的一朵奇葩。

"纽襻儿"之称，与其工艺有关。最初人们将结绳编成扣子，用的是盘绕的方式，而制作纽襻儿，不仅要盘绕，还需要将一些布条进行包、缝、编。做纽襻儿的布料可以取做旗袍的面料，也可以取其他面料，甚至粗丝线和细绳都可以作为纽襻儿的材料。在中国漫长的服饰文化发展历程中，应该说，纽襻儿始终占据着一席之地。古人以结绳固定衣襟，而腰间结绳不利于活动，人们便想出了将绳编结成扣的方法，用来固定衣服的前襟。

旷野《女人花·梦回唐朝》

纽襻儿从古代结绳发展而来，经过历代的发展，到了清代，纽襻儿才广泛应用于服装之上，并演变成一种富有特色的工艺。不仅女装使用纽襻儿，男装也大量使用。纽襻儿有许多有趣的来源，比如花鸟鱼虫，比如乐器。这些与生活密切相关的物件被心灵手巧的女子们盘绕成纽襻儿，与不同颜色不同款式的服装相结合，菊花则绽放，琵琶则动听，似乎闻到花香听到乐声；燕子则远翔，金鱼则跳跃，有翩翩欲飞与欢快畅游之感，寓意着美好的生活，同时，也是人们热爱生活的一种体现。

纽襻儿，不仅是纽扣的先祖，也是美好寓意的象征。

很多人喜欢中国结，每当春节来临，就会买上大红的中国结，悬挂在窗前或门旁等家里最显要的位置，寓意吉祥如意，表达了对美好生活的向往。殊不知，纽襻儿正是中国结的一种延伸，更加形象，也更加富有美感，是穿在身上的中国情结。

中国结编进的是祥和与幸福，纽襻儿同样有永结同心与百年好合之意。各种各样的纽襻儿，让人们感受着自然的古朴，无论花鸟，抑或物件，都寄托着人们对美好生活的渴望。与中国结一样，纽襻儿盘绕出的不仅是一个结，还有心中的希冀。

纽襻儿可以作为衣扣使用，更是一件艺术品。制作时不仅要将纽襻儿的扣眼编好，还要将纽襻儿的图案编好。福禄寿喜图可以盘绕成扣，植物的叶子可以盘绕成扣，美丽的花朵也可以盘绕成扣，即使是最简单的一字扣，仍然有其韵味。从小巧

曹鸿雁《韵味》

的纽襻儿中，人们可以观赏到东方的艺术之美，还有东方女子的细腻之美。纽襻儿虽小，却代表着东方女子的精致，也将旗袍的美衬托到了极致。对于一款旗袍来说，纽襻儿就是点睛之笔。

最美的纽襻儿一定要有扣眼和扣芯，加上扣尾的图案，让纽襻儿看上去栩栩如生。舞剧《粉墨春秋》里的女子们，无论群舞还是独舞，穿着的衣服上都有纽襻儿，随着演员律动的舞姿，美到炫目，难怪会获得大奖。服饰的美与演员的内功相得益彰，将老一辈艺术家的故事再现出来，让观众在欣赏舞剧的同时，也感受到了服饰的美。

精巧的纽襻儿，不仅为人们带来视觉的美感，也让穿着旗袍的女子感到自豪。如果能穿上自己设计的旗袍，配上自己盘绕的扣子，内心洋溢着的，一定是最浪漫的情怀。纽襻儿的多种多样，离不开长时期劳动的积累，更与编结纽襻儿女子的缜密心思有关。

一款纽襻儿，就是一个故事，盘绕期间，总有一种感动，这是任何机器也盘不出的情结。

纽襻儿不仅可以缝在旗袍领口，还可缝在袖口。领口的纽襻儿是整件旗袍的门面，袖口的纽襻儿可为旗袍加分。即使开衩处亦可缝上纽襻儿，当女子轻移莲步的瞬间，一双玉腿若隐若现，一丝神秘蕴含其间，引观者遐思。

旗袍的美，如同民国的情书一样，细腻而浪漫。

"我行过许多地方的桥，看过许多次数的云，喝过许多种类的酒，却只爱过一个正当最好年龄的人。"这是沈从文写给张兆和的情书，才子佳人，天作之合，沈从文美丽的文字，与张兆和美丽的旗袍相得益彰。

　　"我爱你朴素，不爱你奢华。你穿上一件蓝布袍，你的眉目间就有一种特异的光彩，我看了心里就觉着无可名状的欢喜。朴素是真的高贵。你穿戴齐整的时候当然是好看，但那好看是寻常的，人人都认得的。素服时的眉，有我独到的领略。"浪漫才子徐志摩致陆小曼的情书里，提到了陆小曼的旗袍，素颜质朴，是他喜欢的恋人模样，虽然他的一生很短暂，却让她觉醒。徐志摩离开这个世界后，陆小曼开始潜心作画，所有功过都留待后人评说。据说徐志摩殉难时的唯一一件遗物，竟然是陆小曼的一幅画。对于陆小曼来说，她旗袍上的各种纽襻儿，同样为徐志摩所喜爱。

　　著名作家丁玲的文字与她的人一样美，民国岁月里，她穿着精致的衣裙，衣服上有着精巧的纽襻儿，更加衬托出她的美丽。她与胡也频的爱情与纽襻儿一样，浪漫得让人羡慕。在《不算情书》一文中，丁玲写道："那炽热的爱的火焰在跳荡，那清澈的爱的泉水在涌流，那年轻的充满热情的灵魂在战斗和挣扎，那感情和理智尖锐冲突中坚强而又不乏高尚的人格力量在波动和崛起。"这颗旗袍之下的心，年轻且富有生活的激情，在爱的世界里跳动着。

　　面对穿着滚边旗袍，旗袍上缀着精美纽襻儿的张爱玲，胡

杨磊《花样时》

兰成的情书读来令人难忘："梦醒来，我身在忘川，立在属于我的那块三生石旁，三生石上只有爱玲的名字，可是我看不到爱玲你在哪儿，原是今生今世已惘然，山河岁月空惆怅，而我，终将是要等着你的。"虽然胡、张最终分手，爱情神话破灭，但张爱玲旗袍上的纽襻儿，却不会随着爱情梦的流逝而消失。

一根丝线，一个个精美的纽襻儿，引发了多少人对美的渴望和怀想。一款款纽襻儿，就是一个个心愿，在典雅中见真情，在回忆中体味浪漫。爱情就像风中的那个女子晕红的双腮下衬着的金黄色纽襻儿，在华美绽放的时刻，将黄昏的彩霞收藏。在与旗袍相伴的日子里，我愿在古风古韵的乐声里，欣赏着指尖上的画作；在美丽心情里，看着时光老去。

一颦一笑总关情

　　旗袍，就像一首诗，含蓄而丰富，穿上旗袍就有如品读诗人的内心世界。如果说旗袍是婉约的，穿着旗袍的女子则温婉可人；如果说旗袍是婀娜的，穿着旗袍的女子则独有韵味。如果将旗袍比喻成花朵，那么，它注定是万花丛中散发着醉人芳香的那一朵。

　　旗袍的美，如诗如画，最让人心动的还是旗袍的领子。

　　记得第一次给旗袍缝领子，却把领子做歪了，不得不拆开重做，虽然浪费了很多时间，却终于能够做出一款让自己满意的旗袍，心里无比高兴。综观旗袍的衣领，在古典与现代相结合的旗袍款式中，复古小立领成为女子的最爱。这一款立领虽然制作过程复杂，却极有风情。高高的立领，将部分脖颈隐藏，充满神秘感，也点缀着女子的温柔气质，既有冷艳的美，又不失内敛的美；既有传统的保守，又有现代的奢华，在惊叹间，一丝优雅款款而来。

　　最喜欢看的是女子穿上旗袍，外罩大衣，只露出衣领的样

陈霖《邀月》

子，有一种典雅的美。带纽襻儿的立领是传统旗袍的样式，领口的高低要根据颈项的长短来选择。如果脖颈长，可以穿高立领的旗袍；如脖颈相对短一些，可以穿领口稍低一些的旗袍。纽襻儿的数量，取决于领口的高低。如果领子高，可以多缝几颗纽襻儿，比如三排纽襻儿的领口，一直认为这是旗袍里最美的。如果领口开得很低，可缝两颗纽襻儿；再低一些，则只放一颗纽襻儿。纽襻儿的多少也可以根据自身的情况灵活增减。

张曼玉的脖颈很长，旗袍领口可放上三颗纽襻儿，也可以放一颗纽襻儿，无论如何装点，都有一种古典美的韵味。

陈数旗袍的立领，同样散发着优雅的美感，也为她塑造的角色增色不少。

旗袍的领型其实很多，常见的有凤仙领、水滴领、马蹄领、竹叶领等，最好看的还是直领。无论何种领型，都让女人如娇艳的花蕾，在对水中月和镜中花的希冀中，带着东方的含蓄和内敛悄然绽放。

著名影星巩俐在一九九二年出席第 64 届奥斯卡颁奖典礼时，穿了一件白色立领无袖旗袍，高挑的身材，配以白色的饰物，让全世界都看到了中国旗袍的风采。由她担任评委和主席的几次国际影展，她都穿着不同款式的旗袍出席，一律是高立领高开衩、低胸无袖，旗袍的颜色都以金黄、大红和墨绿为主。身着旗袍的巩俐即使站在世界名模面前，也毫不逊色，平添一种魅惑之感。

随着年龄的增长，越来越体会到女子与"第一皮肤"和"第二皮肤"的关系，第一皮肤即天然的皮肤，第二皮肤则是女子的服饰。但与其他服饰比起来，我更愿意将旗袍比作女子的第二皮肤。第二皮肤的美是后天的，因而也更需要精心地装扮。

只有装扮得当，才能彰显女性的美，才能美得由内而外，让第二皮肤焕发光彩。

曾经在微博上看到刘嘉玲贴出的两张旗袍照。一张是身穿黑底淡黄色小花旗袍的照片，照片配的文字是："没有经济上的独立，就缺少自尊；没有思考上的独立，就缺少自主；没有人格上的独立，就缺少自信。"另一张照片，则是刘嘉玲与时尚杂志主编的合影。图中两人都穿着旗袍，刘嘉玲的旗袍白色、立领，女主编则穿着带有红花的旗袍，虽然旗袍颜色款式不同，但是两人都穿出了各自的韵味。作为演员的刘嘉玲将旗袍这件"第二皮肤"演绎得恰到好处，而作为旗袍重要装点的立领，对她来说则更添一种优雅华贵的美。

无论是电影《画魂》里出现的旗袍，还是电视剧《情深深雨濛濛》里女子们穿着的旗袍，都让人们在欣赏影视作品的同时，欣赏到了旗袍的美。《京华烟云》这部由林语堂小说改编的电视剧，在演员的演绎下，不仅让人们了解了民国女子的命运，也见识了民国的旗袍。据说，电视剧《京华烟云》在海外播出时，曾一度掀起了中国旗袍和披肩热。

旗袍因立领而有韵味，又因领口的装饰而变得厚重。可是，大概没有几人知道旗袍立领的制作有多复杂。看上去美丽的衣饰，都要经历繁琐而严谨的工序，旗袍的立领与纽襻儿一样，都凝结着手艺人的智慧。

旷野《女人花·人间四月》之二

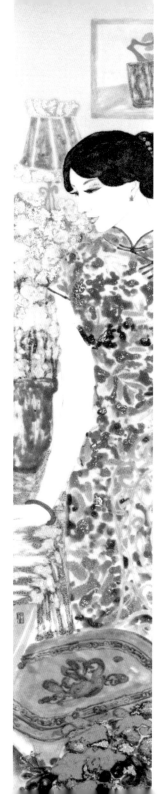

旷野《女人花·人间四月》之三

手工制作立领，方法很多，其中最主要的有两种。一种是先剪好领衬，再剪一块领面布和领里布，粘好领面后再熨平缝好。另一种做法，是将领面和领衬都用糨糊粘好，将做好的领子正面向上，使领口下口包住领面，再缝到旗袍上。不管用哪种方法，要让领口立起来并且严丝合缝，都需要技巧。既要有耐心，又要有悟性，还需要长时间地练习，匠人精神大抵如此。

看到一张刘亦菲的照片，她站在古老的小巷里，脚踩着青石板路面，手摸着斑驳的青砖墙，一双眼睛里是对历史的探寻，除了青丝红唇，最动人之处是她穿着的旗袍，紫色的旗袍上，有金色的花朵镶嵌其间，高领包裹着细白的脖颈，更因无袖显出了圆润的双肩，性感而妩媚。再看旗袍的领口，两对纽襻儿像极了两对花朵，在古老与神秘之间，把一种修长的曲线美展露出来。只这一眼，便会深刻在记忆中。

走在街上，曾经看到过一名女子的背影。她身材高挑，穿着浅粉色的旗袍，发髻高高绾起，背影让我无限神往，及至转到她的面前，却发现她的面部已经满是皱纹，然而，无论如何，我都不会忘记她粉色旗袍的立领，高高的，衬着她黝黑的皮肤。虽然皮肤的颜色很深，但看上去仍然有一种光感。

曾经读过一篇关于旗袍的文章，遗憾的是没找到作者的名字，他或她如此形容旗袍："她是出世的牡丹，在枝头顾盼生姿，雍容华美；她是遗世的梅花，独守着一帘幽幽的时光，笑到倾城；她是一池荷的娉婷，或淡或浓，独守着佛前的一点素心从容，散尽清灵；她是杏花深处的背影，曼妙玲珑，把简约的光阴打动；

旷野《女人花·青花记忆》之三

她是我收笔时的一惊，在平仄中找寻着生命的纯真与厚重。"

灵动的比喻，清幽的句子，读了不仅享受语言的美，更从中领略了旗袍的风采。是啊，有多少女子一生钟爱旗袍，我不得而知，但是那些影视剧中的人物，那些故事里的女主人公，她们因旗袍而美丽，因旗袍而让观众牢记。现实中，沉醉于旗袍的女子有之，穿着旗袍走过长街的女子有之，身着高高的立领旗袍参加各种盛典的女子有之，旗袍成了她们的一种符号和信仰。

或因爱情，或因理想，她们与旗袍相融。

在电影《烟雨红颜》首映式上，模特们依次展示了主演周迅在片中穿过的二十多件旗袍。当那些穿着秀美旗袍的女子在观众面前翩然走过时，人们情不自禁地鼓掌，惊叹旗袍的美。

生活中的周迅也许不穿旗袍，但在剧中她却穿着不同花色不同款式的旗袍，演绎当时的年代当时的心境。周迅的瘦弱，加上旗袍的立领，让她看上去坚强，内在的骨气凸显，让观众在欣赏剧情时享受服饰的盛宴。

淡雅的旗袍，总是与有缘人相遇，就像汤唯，穿着旗袍的样子有着一种忧伤的美。别具一格的小立领，在她的身上立即体现出与众不同的精致。在汤唯主演的电影中，那些精致的旗袍勾勒出她玲珑的曲线，不仅打动了片中人，更让观众走进了她的内心，与影片中的主人公对话，通过旗袍实现心与心的交流。

当时间流逝，或许人们已经淡忘了那个故事，但是穿着旗袍的人物却定格在了记忆深处。

女子都爱照镜子，穿上旗袍，在镜中仔细地端详自己，也许会越看越愉悦。无论是青丝长发的年轻女子，还是两鬓染霜的中年女人，在旗袍的映衬下总是那么明媚动人。旗袍装点了女子的青春岁月。纵使此生优雅地老去，仍会留下美好的回忆。

与旗袍的情谊，今生有关，来世有缘。

林语堂的那句"优雅地老去，也不失为一种美感"，让更多的女人记住了做优雅女人的一种姿态———一定要"优雅地老去"，这不失为一种风度，更是一种人生态度。

好友慕容姐姐曾经说过："有些东西真的是永远不要走近，也许美丽确实需要距离。"因为"忧伤也是一种美丽，一种动人心弦的美丽，如同月亮上的那些阴影，是它眼中忧伤的阴霾，是它心里莫名的酸楚，是它美丽的一部分"。在生命的历程中，或许我们每一个人都在寻找那条长河，在寻找的过程中，去体验人生，寄托情感，从而留下无数的思索。而"思念那条丰沛的河，思念它的满盈，思念它痛快淋漓的宣泄，思念它永不回头的倔强，思念它大江东去的气魄，思念它迂回的河湾处轻轻泛动的柔情，思念它堤岸旁曾经翠绿着的青春"，并在思念的过程中，感觉到自己变得成熟了，还保留着一颗纯净的心。

那个爱穿旗袍的女子，把自己比喻成一只鸟，"在它的啁啾声中感动和陶醉"。"爱是一种眷恋，爱是一种牵挂，就像鸟儿依恋蓝天，就像黑尾鸥依恋湖水。"而"历尽一季的艰险，只为那一声温暖的呼唤"。于是，穿着立领旗袍的女子，手握着信任的力量，续写着生命的欢歌，让生命在淡然中变得柔韧；让潮湿的风和浓浓的咖啡装点依旧无邪的心，正如那花，想开就开了。

旷野《语》

千挑万选总相宜

　　旗袍如水，携一季的风采，在春日里伴着轻舞飞扬的柳絮，看着旧日时光溜走，迎来红颜浅笑，只消一个回眸，便将心底的故事倾泻。所以，穿旗袍的女子，需要一些搭配，看上去会更有内涵，将故事描述得更有韵味。一件外套，一个披肩，一只发卡，一个手袋，一双鞋，即使是一种发型，都将女子的婀娜与修养展现出来。无论美丑，只要搭配得当，都能将内涵表达出来，所谓的风情万种，即是这般演绎的。

　　旗袍可搭长款风衣，穿出飘逸之感；可搭西装，有中西合璧的风采；搭一件皮草，会彰显雍容华贵之感；即使穿上一件布衣，也会穿出质朴和风韵。喜欢热闹的女子可以穿华丽一些的外套，喜欢安静的女子可着朴素一些的外套，内外的完美结合，才能邂逅一分宁静，拥有一分优雅。喜欢女子穿着旗袍，搭配一件短款西服。细长的腿，在走动间流露出的美感，可以成为一道风景，婉约如水，令人赞叹。

一直以为，披肩只是个装饰，其实不然。披肩与旗袍，有着不解的渊源。动感的流苏，长长的穗子，将披肩的风姿舞动。披肩不仅能够抵御寒冷的侵袭，更可增加旗袍的风采。丝质的披肩，让江南女子的柔软尽显；毛织的披肩，既显北方女子的开朗，又显南方女子的细腻。一个披肩，就是一分保护，让瘦弱的女子在风中雨中变得坚强，让大气的女子在雾霭瑞雪中表露情怀，在顾盼生辉间蝶变与惊艳。

我们评论一个人的时候，经常侧重人物的外在装扮与内在品格，极高的赞美就是"由内而外的美"，穿着旗袍的女子即如此。她们浑身散发着热情洋溢又端庄稳重的气息，不时感染着身边的人们，至少，她们是热爱生活的，而热爱生活的人周身充满了正能量。

民国时期参加远东运动会的二十名女子运动员，几乎都穿着旗袍亮相，让世人看到了中国的素色旗袍、格子旗袍还有碎花旗袍。那些旗袍有着立领、滚边，还有纽襻儿，而女子们则笑靥如花，将青春风采向世人展示。现代女子通过参加一些时装秀或者节日庆典等活动，也逐渐穿上了旗袍。她们将旗袍穿出了自己的特色，是对生活的诠释。

花开花落，各有不同的美，都值得人留恋。人们经常形容女人如花，不仅是因女子的心思如花般绽放，还寓意着女子的打扮像花一样美丽。花开时最艳，女人穿上旗袍时最美。出水

陈霖《多醉》

芙蓉与莲塘里的荷花，绽放时的美，如同穿着旗袍的女子，风采斐然，曼妙无比。或许，这一季的芬芳只为那个女子开放，这一眼的眷顾只为那个女子而生。

旗袍的搭配除了衣饰，发型也非常重要。无论是慵懒的卷发还是朝气蓬勃的直发，不管是俏皮的短发，还是带着浓厚学生气息的麻花辫子，都能将不同款式的旗袍搭配出不同的味道。为了凸显脖颈的纤长，很多穿旗袍的女子都选择盘发。将长发高高地盘起，配以各种头饰，或闪闪发光的水晶发卡，或圆润的珍珠簪，平添一些华贵。如果是短发，可以将头发梳成干练的样式，看上去清爽、干净。喜欢披肩发的女子，尽可以将长发散开，随着一季的清风飞扬；喜欢编发的女子，可以将头发结成麻花辫，留住青春的脚步。旗袍的款式、面料、花色都要与发型相配，不管哪一种发型，都要保持清洁，才能衬托出人的娇媚。

旗袍是精致的，与之搭配的手包同样要有特色。黑、白色是百搭，也可选择与旗袍色调一致的颜色。除皮质外，丝绒、丝缎、丝绸的手包都可搭配旗袍，也可选择刺绣款，配以同色系或图案的旗袍，会更加唯美而和谐。穿旗袍一定要拿手包或者小挎包，大背包与旗袍极不相称，也会夺了旗袍的风采，相信没有女子会如此搭配。

几年前的一个夏末，我去了南戴河。一个下午，我坐在宾馆的室内花园里，写着一本书的后记。驻笔停歇时，观赏着脚下水池里畅游的小鱼，鱼尾欢快摆动的样子，让我不禁想起妈妈织的鱼尾裙。如果穿着一件鱼尾纹的旗袍该有多好!

正当思绪畅游时,同学小妹找来,手里拿着一款绿色的草编小包,在我面前一扬,说道:"今天是姐姐的生日,送一款小包,祝生日快乐!"我忙碌得已经忘记了自己的生日,不禁问道:"真的吗?"接过小包,欢喜不已。礼轻情意重,能有人记得自己的生日自是一番感动。待友人离去,细赏小包上玉米秸编结的花朵,一袭墨绿色的旗袍又在眼前浮现……

看一个人是否有品位,要看他或她的鞋子,这已成为大多数人的共识。男士的"西装革履"自有绅士风度,女士的旗袍装该如何搭配鞋子?看似简单的问题,却难住了许多人。

搭配旗袍的鞋子首选高跟鞋。从清代的花盆底到现代的防水台,高跟鞋走过了一个世纪,鞋跟的高度在增加,价位也在不断地上涨。长款旗袍宜搭配 七至十厘米的高跟鞋,短款旗袍宜配五至八厘米鞋跟的鞋子,如此更能穿出亭亭玉立的感觉。白皮鞋、红皮鞋是首选,黑皮鞋次之,与旗袍同色系的鞋子更协调。喜欢复古风的女子,穿上一双绣花鞋也未尝不可,可以选择与旗袍相同或相近的花色。同时,还要注意整体上头脚均衡,适宜有度。比如扮演过《白蛇传》里白娘子和《上海滩》里冯程程的赵雅芝,每次以旗袍装出场,都配合别致的发型、精美的高跟鞋,冷艳的造型中,不乏温情,更显其风韵。

为了诠释旗袍独有的美,旗袍女子不厌其烦地装点着自己。为了选一件配得上旗袍的首饰,她们颇费心思,耳环、项链和

杨磊《晨曲》

倚风自得

乙未年初夏于京华 杨磊

杨磊《倚风自得》

手镯都是她们的心爱之物。珍珠项链、珍珠耳环与玉手镯的搭配天然而传统，搭配一只现代感极强的名表，则将时尚与复古情怀精妙地结合在一起。

旗袍如一朵盛开的花，在心头绽放，引得越来越多的女子为之倾心，为之付出时间和精力。旗袍自有步履翩然的万种风情，亦有俯首低眉的哀婉凄美，而最重要的，则是浸润灵魂的那分缥缈，以及不染俗世纤尘的那分娴雅与禅心。女友们不止一次问我有几件旗袍，虽未作答，却在沉思：如若心的飘浮与粗俗附着于肉身之上，纵有旗袍无数又如何？

不同年代的女子做着不同的梦，对旗袍有着不同的演绎方式。喧嚣中，穿着旗袍的九零后女孩，默默地坐在咖啡屋的一隅，安静地读着一本书，仿佛穿越时空，成了那个名叫晴川的女子，又如刘亦菲的清纯秀美；八零后的女子逐渐成熟，愈发积淀起智慧，从故事里走出的是曾经的浪漫；七零后的女子把岁月刻在了脸上，唯有一丝恬淡，让人仍读不透她们的内心；六零后的女子多了一分对岁月的思考，即使穿上旗袍，仍掩饰不住岁月的沧桑；五零后的女子走过世纪风尘，在旗袍里回味着过往的曾经，只把一分希望寄托。

对女子来说，旗袍是一种生活方式，其中的味道只有自己才能体味。

好友钟爱旗袍。茶馆一隅，我与她相对而坐。墙上的诗画，与身边女子的旗袍构成一幅完美的画面。喜欢她文字里那种粗犷与大气中透出的细腻和柔和，还有对人生的深邃思考。她那曾经经历过两次大手术的躯体该是如何顽强，才能承受工作与生活的压力，如行云流水一般生活。她身上的墨绿色旗袍如同腕上佩戴的墨绿色玉镯尚有的空隙一样，悠闲且从容。

品读喜欢旗袍的好友，就像品味眼前的一壶茶，清酽相宜，余韵无穷。每一次冲浸，芳香弥漫，令人备受感染。看着那双拿过刻刀的玉指，轻拣一枚橄榄，慢慢送入口中；又轻触茶盏，细品慢啜，举止优雅如画中女子。

每一次与好友相聚，时光总嫌短暂。茶韵未尽，又抚琴弦。一把竹扇，悬于墙上。台阶之下，行人轻移脚步；台阶之上，古筝置于案几。根雕木椅，松香未散，好友大方落座，微倾上身，琴声传来，古韵今宵。谁人抚琴？何出仙音？

人生旅途上，各有不同的风景。穿着旗袍的女子，人在景中，看风景的那些人也在看着她们。在心灵的牧场上放逐，不仅有近处的旗袍，还有远处的风景。推开心灵的窗子，即能看到满是绿意的原野。而旗袍，赠予人们的，将是春色正浓与秋阳无限。

旷野《女人花·春华》

茗香茶舞品人生

　　旗袍于优雅中透着时尚，在时尚中蕴含着复古，在复古里彰显干练。绣花旗袍，穿出了女子的精巧；丝绒旗袍，穿出了女子的成熟；锦缎旗袍，穿出了女子的高贵。复古的立领，含蓄而优雅；手工的纽襻儿，精致而有气质；开衩的裙摆，妩媚而灵动。

　　与三五好友逛街，艳压群芳让路人记住的一定是穿着旗袍的女子；与友朋相聚的宴会上，穿着旗袍的女子一定会让参与者铭记那种低调的奢华。于是，有朋友问：除了参加聚会和逛街可以穿旗袍，还有什么场合适合穿旗袍呢？我的答案是，喝茶的时候。

　　喝茶的乐趣，不在独自斟饮。与朋友在一起，边品边闲聊，才能找到品茶的乐趣，也会让自己思绪万千。穿着旗袍喝茶，别有一番情调。

　　茶水是透明的，就像人的心境。心里透亮了，生活才有意思；心里浑浊了，就会感到迷蒙。茶有苦有涩，更有清香袭人。

品茶如同品味生活，茶有清淡浓香之分；就像人生，有团聚，也有别离。不管生活多么艰难，都要克服困难向前走，在品茗之时感悟人生，感恩生命的回馈，才能珍惜人生。

在闲暇时光里约三五好友轻啜细饮，不仅是愉悦身心的一种休闲方式，茶对身体亦有保健作用。不同的女子对品茶也有着不同的理解。人们只知道喝茶的目的有二：一是为了提神，二是为了解酒。然而更重要的是，在茶香里人们学会了感恩。

当她们悟到这一点之后，再去品味透明的茶，心境也会变得不染纤尘了。

谈到感恩，首先想到的是李时珍老先生。他尝遍百草，写就了《本草纲目》一书，将每一味草药的作用记载下来，传给了后人，直到今天，此书仍然对中医药的应用具有指导作用。

李时珍的《本草纲目》中有这样的记载："茶苦而寒，最能降火，又兼解酒食之毒，使人神思矍爽，不昏不睡。"李老先生对茶的解释，就是喝茶对身体有益处的有力依据。古人已对茶有了很深的研究，由此形成的茶文化也世界闻名，现代的女子岂能错过这与文化相融的机会？

威廉·乌克斯在《茶叶全书》中写道："饮茶代酒之习惯，东西方同样重视，唯东方饮茶之风盛行于数世纪之后欧洲人才开始习饮之。"中国人喝茶就像外国人喝咖啡一样，无论是泡茶的程序，还是茶具的使用，都与制作旗袍一般有诸多讲究。旗袍是文化，饮茶也是一种文化，所以，穿着旗袍品茶，或者

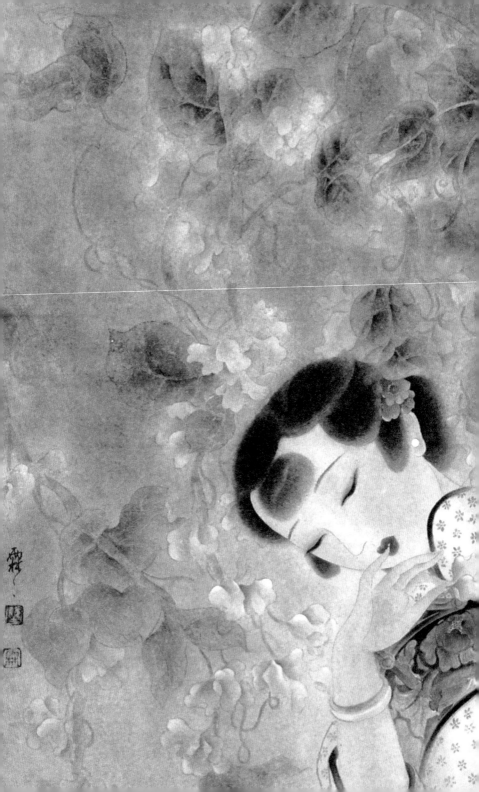

喝工夫茶，也是享受文化熏陶的过程。

多年前的一个夜晚，有一个女孩跟着朋友去街角的一家茶楼喝茶。之前，听说这个城市里有茶楼，女孩曾多次走过茶楼的门前，却一直没有勇气走进去，她觉得茶楼一定很神秘。

这次，她终于有机会走进茶楼，去感受那里的气氛。茶艺小姐穿着红色镶金边的旗袍，坠着淡黄色的耳环，轻移莲步间，耳环晃动，长长的穗子在肩头轻拂，纤细的腰肢，像极了春风拂动杨柳枝的句子，不经描写，即有一种风采。及至款款落座，茶艺小姐轻声细语的展示，总是让听者痴迷，或陷入思考，后悔没能早一点来到这里。

一个晚上的时光很短暂，她恋恋不舍地离开了这里。因为喜欢，她开始打拼，为了心中的梦想。谁也没想到，几年后，这个城市里最有品位的一家茶楼的老板，竟然是曾经对茶艺完全不懂的那个女孩子。茶楼正式开业的那一天，她穿着大红色绣着云水图的旗袍，踩着高跟鞋，原本就高挑的身材显得更加亭亭玉立。她请来了当年邀请自己一起去喝茶的朋友，给他们办理了终身会员卡，她用行动，感恩曾经让自己提升生活品位的朋友们。

有时，感恩，不一定挂在嘴边；感恩，也不是给人以多么贵重的回馈。这个女孩的感恩方式很让人感动。也许，时光过去多年，记忆中的很多事物都已经模糊，但那一缕清淡的茶香还会留在心间。听茶艺老师讲解茶道，在吴侬软语中感受江南女子的细腻，眼前浮现的是茶山的风景、茶坡的碧绿、茶树的姿容，鼻间萦绕的是茶叶的清香。这个时候，喝茶成了一件神圣的事情。

在温杯、滤茶、闻香之后，茶客慢慢地品味着，生怕糟蹋了茶的真正味道。此时，喝到嘴里的就不是普通的茶水了，而是一种文化。

人生聚散无常。无论来自江南，还是生于塞北，能够坐在一起，在茶香里感悟生活，体会人生的拥有，就该感谢真诚，让彼此心灵相通。

珍惜每一次穿上旗袍与友人相聚的机会，珍惜每一次与朋友品茶的时光，因为每个人一生中不会有很多次这样的相聚。

那些忙碌的日子，没有闲暇给自己一个停留的借口，为何不在品茶的时间里，让自己放松，给奔波和劳碌的自己一个休息的理由？

品茶，不仅品文化，也在品人品。人生就是一杯茶，需要细细地品、慢慢地酌。

曾经随意在微信上发出一条消息，祝福那天过生日的自己，算是对越来越少的生日一种特别的纪念方式吧。没想到这一有些自恋的祝福，被远在山东出差的云鹭小妹当作头等大事，她特意委托公司下属买了一套精致的茶具，附上了一张贺卡快递过来，那一刻，真是感动。

母亲说，生我的那一天天气很热，她和我都起了痱子。在一个三伏天里，我们挣扎了一个月。我感谢母亲，忍受了十个月的辛苦让我看到这个世界的光明。在那个生日里，除了感谢母爱的无私，还要感谢的就是云鹭妹妹的理解，喜欢茶，也喜欢收藏各种茶具，因为感恩，所以收藏。

正如旗袍一定要有纽襻儿，品茶也需要一套上好的茶具。很多茶艺馆里的茶具就很精致，手绘的陶艺，花梨茶盘，古色古香的雕花木桌，镂空的木门和悬挂的草帘，偶尔还能看到早期电影里的帷幔，墙上挂着民国电影人穿着旗袍的照片，隐约会闻到飘来的一缕茶香，如在梦中感受仙境一般。尤其走在透明的玻璃地面，观看脚下游动的小鱼，总担心一脚不慎就会惊扰了那些鱼儿，那种小心翼翼的感觉简直像是踩在钢丝上演杂技一样。在这样的体验之后，再去品茶，自有一种别样的滋味在心头。

每当喝茶，就会想起那些茶馆，小鸟鸣脆，如入夜晚的树林，在星星的眨动里，在星空的缝隙中看着那仿古建筑，旗袍女子的肖像，景泰蓝的洗手池，心中流连的是匠心独具的精巧建筑。

偶尔坐在"桃园茗里",轻啜恬淡的清茶,无论是碧螺春还是乌龙,在口与杯间都会留下余韵清香。那鹦鹉学舌的尖厉叫声,竹帘荷花,室内的小桥流水和墙上的书法绘画,以及穿旗袍的沉静女子,就那样深刻在了记忆中。

我认为,人生最大的乐趣,除琴棋书画外,就是穿着旗袍品茶。从旗袍文化和茶文化里,能看到时代的变迁、生活的改变。

从天桥的大碗茶,到老舍先生的《茶馆》,从马路上摆着的小茶摊,到环境雅致的茶楼,从茶园、茶馆到茶艺、茶道,社会在进步,人们的生活水平在提高,而且随着时代的发展,人们也改变了很多。从服饰到品位,从注重外在的美到注重内涵的提升,人们不断地品味着,在袍韵生香里,能够悟透人生。

在淡与浓、聚与散的过程中,可以看到茶的魂灵,犹如人的魂灵一样,在生活的水杯中舞动着。品茶时要感恩,制茶的过程更值得感恩。那些青茶,在一代代茶农精心侍弄的茶树上生长,又经茶女辛勤采摘,来到了茶厂,经过杀青、揉捻、干燥等工艺,被制成了茶叶;然后,经过飞机、火车等运输工具,甚至是卖茶人挑着的担子,最终进入茶楼或千家万户,成为每一户人家必不可少的待客佳品。这个过程是复杂的,其中不乏感人的故事。

所以,我喜欢看茶舞的时刻,看每一片茶叶在透明的杯子里随着水的波动上下舞动,由凝聚在一起的一根根小针,在水的怀抱中逐渐散开,舒展成一片片小叶子,或者一朵朵小花,

旷野 《女人花·夏日的晨光》

然后，再将清淡的水染成绿色或浅茶色，那一个个生灵就这样诞生在透明的小杯子里。茶的精灵在眼前舞动的同时，生活的精灵也舞动在人生的旅途上。

其实，无论男人还是女人，都喜欢看茶舞的时刻。茶舞的时刻，会令人忆起那些美妙的夜晚，款款而来的旗袍女子驻足在亭台楼榭，或品茗论诗，或欣赏音乐，或品茶谈话。生活就像泡茶，随着冲泡，茶汤不断变淡，于是要更新茶叶，正如我们不断设定新的人生目标，追求更加美好的生活。

生活如此，人生亦如此。

在茶香里能品出人生的喜怒哀乐，能让黯然的心重新绽放。于是，身着旗袍品茶的女子便多了一番风姿绰约的古典韵味。因为茶艺可以带来视觉的享受，茶道可以带来心灵的体验，那个喜爱旗袍的女子，带着一颗悠闲的心，在行走间心静如茶。因为品茶，而让人生充实。

后　记

承蒙著名出版人沈晓辉女士抬爱，正值《旗袍藏美》版权到期之际，申报选题得以出版，深感荣幸。

尽管《旗袍藏美》这本书从青岛回到了沈阳出版社，但仍感激这本书的伯乐——原青岛出版社总编辑高继民先生、责编曲静女士，以及为这本书的插图奔走协调的著名律师吴秋发先生，更要感谢著名画家旷野先生、陈霖女士、曹鸿雁女士、杨磊先生提供的精美画作，令我心怀感恩，万分感谢。

感谢在《旗袍藏美》一书创作过程中给予我帮助支持、鼓励和推荐的各界友人。从相识、相知到相助，我生命中每一个岁月里，都有你们熟悉的身影，于是，在这个特别的日子里，感动就这样从心底生发，并在没有一丝晕染的时刻蔓延。

写作关于旗袍的故事，源于一种热爱。对母亲的亲情和对服饰文化深沉的爱，让我心中存着一个旗袍梦。少时耳濡目染，心灵手巧的母亲给我们每个孩子的棉衣都编出精美的纽襻儿，那种深藏于内心的纽襻儿情结，让我有了一分责任——写纽襻儿，写旗袍。在《中国妇女报》和《乐活老年》杂志发表了《盘扣情结》一文后，更加坚定了我写这本书的信念，能为旗袍文化和中华旗袍的传承稍尽绵薄，也不枉一世对旗袍的喜爱。于是，就有了这些文字。

从旗袍的款式、旗袍的面料、旗袍的做工、旗袍的纽襻儿、旗袍的领口和袖口、旗袍的开衩，及至旗袍的配饰，无论人在哪里，想着念着的都是旗袍。火车在原野上行进，我用手机写着关于旗袍的文字；休闲时光里，与家人和同学在一起聊着旗袍；遥远的电波连线时，与出版社的恩师探讨着旗袍的细节；画室与影楼里，与画家和摄影家琢磨着旗袍；在旗袍陈列室里，与身着旗袍的美女老总相对品茶，主题仍然没有离开旗袍。

那一段时间，除了工作，所有的闲暇时光里，皆关注着旗袍。静夜里失眠想着的是旗袍，熟睡时梦里出现的依旧是旗袍，而这充实的夏日与收获的秋月，注定成为我生命中永远难忘的欢乐时光。

有付出才有收获。在写作中，不仅感受着文字带来的乐趣，也享受着视觉的盛宴。那些优雅的女子，那些美丽的故事，那些不朽的传说，那些不老的传奇，每一个名字都镌刻在了记忆中。每一次回味，都会感动，抑或心酸，又或者心痛……于是，写作着，感慨着：女人穿上旗袍，不是对男人的魅惑，而是一道美丽的风景。不仅女人喜欢旗袍，男人也欣赏旗袍。女人穿上旗袍，蝶变中因文明而优雅，又因温婉而和谐。有素养的男人喜欢这样的女子。

这本《旗袍藏美》，精选了著名画家旷野先生、陈霖女士、曹鸿雁女士、杨磊先生的精品画作，作为本书的插图，不仅为这本书增加了艺术特色，更体现了收藏的元素。四位画家对绘画艺术的执着追求以及对旗袍艺术魅力的倾力展现，在浓淡总相宜的笔墨和场景中让我领略着艺术的神韵，并在对艺术的欣赏中，提升素养，开阔视野，感喟人生。

而写作一本书，就像上演了一场戏，台前幕后，有太多的花絮，太多的情怀，还有太多的故事。传承着的，不仅是传统，更有文化的韵味。

一路走来，感恩有你，感谢朋友。此刻，我最想说：喜欢书香，更爱旗袍；喜爱旗袍，更爱生活。

感谢责编和美编老师严格把关和精心设计，让《旗袍藏美》增光添彩。

感谢沈阳出版社，让这本书在旗袍诞生之地得以出版。

2021 年 11 月 28 日于沈阳

友情推荐

（按姓氏拼音排序）

白清秀　沈阳大歌文化传播有限公司总经理

鲍岸菲　福建省旗袍协会执行会长

蔡宝鑫　锦州市作家协会副秘书长

程学刚　沈阳盛和达商贸有限公司总经理

傅华阳　著名品牌策划人及电影制片人、导演，上海神兵天降
　　　　影业有限公司董事长

高　锁　辽宁省工商联中华文化协会副会长、辽宁省民俗文化
　　　　服务中心副主任

高继民　青岛出版集团原总编辑

宫　正　资深媒体人、公益人、礼仪文化传播者

故　乡　作家、散文家，孙犁散文奖获得者

郭小彦　意大利洛卡迪尼品牌服装经销商、沈阳普莱斯特商贸
　　　　有限公司董事长

洪国荃　青年导演

黄文兴　军旅作家、书法家，辽宁省散文学会副会长兼秘书长

孔　宁　独立出版人

郎　赫　沈阳九鼎视像文化传播有限公司总经理

李　理　沈阳故宫博物院副院长

李　旭　时代出版传媒股份有限公司重大出版工程办主任、编审

李　阳　沈阳广播电视台新闻综合频道副总监

刘　波　金华广播电视总台交通音乐广播主持人

刘果明　沈阳市全民阅读协会秘书长、沈阳市优秀阅读推广人

刘海燕　辽宁天网防控信息技术有限公司总经理

刘　伟　颜致肖像艺术总监，化妆师

刘文军　辽宁文化产业商会副会长、蔚蓝火红行销策划机构董
　　　　事长

刘晓艳　辽宁嘉润农牧科技有限公司总经理

马　克　马克电影工作室制片人／导演

宁　杰　沈阳杰湃文化传媒有限公司董事长

庞　滟　沈阳广播电视台《诗潮》杂志社编辑

阚志华　亚太总裁协会（APCEO）中国常务副秘书长、新华融
　　　　合（北京）文化传媒有限公司董事长

万　丰　辽宁名庄荟商业管理有限公司董事长、辽宁省钓鱼

协会会长

| 王 成 | 皇姑区政协常委，沈阳沈河视康眼科门诊部有限公司、皇姑视康眼科诊所董事长 |

王 健　沈阳久大实业有限公司董事长

王 玮　辽宁省电影家协会顾问

闫缜尔　中国文艺评论家协会会员，辽宁省文艺评论家协会理事，辽宁省作协专委会成员

杨 光　上海阳光娱乐有限公司董事长、中国最早独立制片人

杨 丽　福建祥鸿集团财务总监

杨 松　沈阳广播电视台首席导演、主持人

尹 岩　阿卡狄亚童书馆副总经理

英 娜　沈阳广播电视台全媒体新闻中心《沈阳新闻》主播

詹德华　辽宁省散文学会常务理事

谵小语　作家、评论家，自由撰稿人

张 强　辽宁文学院副院长

张 瑞　沈阳市沈河区作家协会主席，《圣地工人村》作者

张 颖　海天出版社（香港）有限公司总编辑

张宝兰　律师，辽宁丰华律师事务所主任

张吉海　辽宁张弛文化体育发展有限公司董事长

张维祥　《藏书报》编辑部主任

章爱君　沈阳玺赢文化服饰创始人，旗袍传承人、设计师，沈
　　　　阳盛京旗袍文化研究中心主任

肇乐群　原沈阳市民族事务委员会主任，沈阳满族联谊会会
　　　　长，沈阳市文史研究馆馆员

朱　可　《销售与市场杂志社》原副总编辑，《文化时报社》
　　　　原副社长，清华房地产总裁商会常务副会长

朱晓冬　玖伍文化城董事长

插画作者

······· 旷军民（又名旷野）·······

　　1980年生于湖南衡阳，湖南省美术家协会会员，职业画家；2010年毕业于湖南师范大学美术学院，获硕士学位，师从著名油画家曲湘建教授、景德镇陶瓷学院李磊颖教授。

······· 陈　霖 ·······

　　辽宁沈阳人，号汇雨轩主人，毕业于沈阳大学艺术系。现为中国民主促进会会员、辽宁省美术家协会会员、辽宁省青年美术家协会会员、中国同泽书画研究院会员、沈阳开明书画研究会副会长、沈阳市和平区美协副主席、沈阳市华侨美术家协会副秘书长。师从鲁迅美术学院中国画系教授、硕士研究生导师王义胜先生。

· 曹鸿雁 ·

瓷画旗袍汇创始人，珐琅彩非物质文化遗产代表性传承人，宝石珐琅彩国家专利发明人，国家一级技师，江西省陶瓷艺术大师。自幼热爱绘画艺术，苦心钻研陶瓷综合装饰和陶瓷工艺，研发无铅原矿珐琅彩首创宝石珐琅彩，作品被北京时间博物馆，上海宝库一号，中国陶瓷博物馆，西安大明宫博物馆，北京政协大楼收藏。

· 杨 磊 ·

国家一级技师，江西省工艺美术师，景德镇市高级工艺美术师，景德镇非物质文化代表性传承人，景德镇美术家协会理事。出生于景德镇，了随草堂陶瓷艺术工作室创办人，擅长釉上彩人物花鸟创作，将感悟、感知、感意融入陶瓷绘画作品，诠释自在的情感独白。